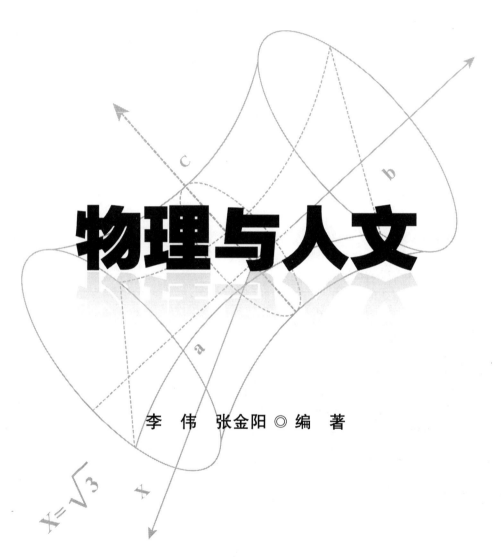

物理与人文

李　伟　张金阳◎编　著

首都经济贸易大学出版社

Capital University of Economics and Business Press

·北　京·

图书在版编目（CIP）数据

物理与人文 / 李伟，张金阳编著 . --北京：首都
经济贸易大学出版社，2023.10
　ISBN 978-7-5638-3559-1

　Ⅰ.①物… 　Ⅱ.①李… ②张… 　Ⅲ.①物理学-研究
Ⅳ.①O4

中国国家版本馆 CIP 数据核字（2023）第 140779 号

物理与人文
李　伟　张金阳　编著
WULI YU RENWEN

责任编辑	佟周红　浩　南
封面设计	砚祥志远·激光照排　TEL：010-65976003
出版发行	首都经济贸易大学出版社
地　　址	北京市朝阳区红庙（邮编 100026）
电　　话	（010）65976483　65065761　65071505（传真）
网　　址	http://www.sjmcb.com
E- mail	publish@cueb.edu.cn
经　　销	全国新华书店
照　　排	北京砚祥志远激光照排技术有限公司
印　　刷	唐山玺诚印务有限公司
成品尺寸	170 毫米×240 毫米　1/16
字　　数	203 千字
印　　张	17.5
版　　次	2023 年 10 月第 1 版　2023 年 10 月第 1 次印刷
书　　号	ISBN 978-7-5638-3559-1
定　　价	45.00 元

前　言

物理学是一门重要的基础科学，是研究物质结构和运动的最基本、最普遍规律的学科，是科学技术发展的最主要源泉，也是人类文明进步的动力。物理学作为研究自然界最普遍规律的科学和最成熟的自然科学，对科学素质的形成起着重要且直接的作用。科学素质是国民素质的重要组成部分，是社会文明进步的基础。提升科学素质，对于公民树立科学的世界观和方法论，对于增强国家自主创新能力和文化软实力、建设社会主义现代化强国，都具有十分重要的意义。

2008 年夏末，笔者到首都经济贸易大学任教，了解到学校经、管、文、法等非理工专业并没有开设物理课的情况，便酝酿开设物理学相关的科学素养课。得益于在北京师范大学读书期间选修的赵峥教授"物理学史"课程以及北京大学秦克诚先生等人所翻译的美国学者霍布霖所著《物理学的概念与文化素养》一书，笔者将课程定位于非数学的概念式教学，注重建立物理概念的物理图像，关注培养学生的科学世界观和科学哲学思想，引导他们对社会生活中与物理相关的热点问题进行辩证分析与科学认知。经过一年多的筹备，2010 年春正式开课，课程名就定为"物理与人文"，意在依托物理学的发展，探究物理学对生活、对社会、对哲学等人文领域的影响，通过分析物理学与人文的交融，介绍物理学史、自然哲学、科学方法论等学科内容。2018 年，首都经济贸易大学教务处又资助该课程建设了慕课。建设完成的"物理与人文"课程先后在爱课程（中国大学慕课）和智慧树平台上开设，供其他高校各专业学生及感兴趣的其他人员选修。2022 年，该课程上线教育部国家高等教育智慧教育平台。

本书即为该课程的配套教材，除了受前述"物理学史"课程和《物理学的概念与文化素养》一书影响以外，也融入了笔者十余年教学过程不断积累的相关知识素材和对科学素养教育教学的心得体会。亚里士多德曾经说过：所有深思过治理人类的艺术的人，都深信帝国的兴亡依赖于他们的青年人所接受的教育。所以，有理由相信崇尚科学、学习科学是我们对于一个更美好世界的内在驱动，也是我们民族自立于世界的根本。希望本书能够激发读者崇尚科学与学习科学的兴趣。

北京交通运输职业学院基础部的张金阳老师与我合作编写了本书。感谢首都经济贸易大学的李茂龄老师，书中阐述的某些观点和知识素材得益于和她的讨论启发。书中有些配图来自网络，在此也一并表示感谢。

感谢首都经济贸易大学出版社的编辑薛捷、杜浩南、佟周红对于本书出版给予的指导和支持。

由于本书涉及知识面广、作者水平有限，书中理论阐释有不足之处，恳请读者予以批评指正。

目　录

1 导　　论

我们生活的时代是科学与技术的时代。科学技术以极高的速度发展，推动社会飞速进步，影响着社会生活的方方面面，并引领我们的世界观、改变我们的思想，在我们分析社会问题时发挥作用。所以，有理由相信崇尚科学、学习科学是我们对于一个更美好世界的内在驱动，也是我们民族自强于世界的根本。本章基于天文学早期发展历程的学习来认识什么是科学方法，并进一步讨论为什么要学习"物理与人文"这门课程。

1.1 天文学早期发展

1.1.1 哥白尼前时期

天文学是研究星星和其他天体的科学，通常与物理学有密切的联系。人类很早就对天文现象充满浓厚的兴趣。据考古学家考证，矗立在英国伦敦西南 100 多千米的索巨石阵约建于公元前 2300 年。考古研究发现这个建筑是用于宗教活动和预言天文事件的，很可能是远古人类为观测天象而建造的，算是天文台的雏形了。人类很早就对星空产生了浓厚的兴趣，可能就是因为星空似乎是比我们日常生活的世界更完美的地方。生活充满了喧嚣，而星星似乎是那样宁静；生命虽璀璨但如此短暂，星星则好像永恒存在。通过注视天空、关注星星，寻求超越时间的知识，得知耕种与收割的时令，发现战争与和平的征兆，探求生命的意义，窥视遥远的神祇。

虽然现代人类已经可以对这些问题进行更深入的探究，但是人类对星星的迷恋却越发强烈，人类对于星星的探索，早已摆脱肉眼观测的限制。伽利略造出第一台望远镜之后，人类对星星的观测就开始在科学的发展下不断进步。1990 年，发射到太空的哈勃望远镜，让人类可以离开地球表面的束缚，开始在太空看太空；在 2016 年落成的我国 500 米口径球面射电望远镜（俗称"天眼"），使人类不再只关注可见光，将对星星的观测扩展到电磁辐射的其他波段，大幅拓展了人类探索宇宙起源和演化的视野；借助日本神岗地下 1 000 米处的超级中微子探测器，人类对星的观测又发生了深刻的变化，中微子产生于恒星的剧烈活动，以接近光速的速度运动，几乎不受任何限制地穿过地球。

但在天文学早期阶段，人们观测星星只能靠肉眼。仰望星空，观察到太阳、月亮和星星东升西落。不同的星星彼此相对位置不变，成群地运动穿越天空，而北极星固定不动。北极星附近的星星都环绕北极星做圆周运动。仔细观察又会发现，在这些星星中有几颗小却异常明亮的星星，它们与别的星星的运动步调不一致。在长时间的观察之后可以发现相对于其他星星，它们在缓慢地改变位置。人们就把这些天体叫作行星（在希腊文中的意思就是漫游者），以此形象地表示了它们与其他星星的区别，其他星星则被称为恒星。不用望远镜就可以看到五颗行星，月亮和太阳更是明显不同的存在，它们也以不同于恒星的步调运行。

仰望星空，人类敬畏宇宙的寥廓与深邃，虽然不是所有人都能像屈原那样发出"天何所沓？十二焉分？日月安属？列星安陈？"之问，但是至少通过观察，古人（或者不借助任何现代技术手段的现代人）可以得出结论，恒星、太阳、月亮、行星都围绕地球做圆周运动，它们的转轴固定地指向北极星。现在有些摄影爱好者喜欢拍摄星轨的照片（见图 1.1），这些照片为这一规律提供了相当令人信服的证据。

图 1.1　摄影爱好者拍摄的星轨照片

这些观察与结论，对于科学研究的两个主要过程即观察和理性思考是有代表性的。其实科学研究与人类其他的大量活动没有什么不同。只要人类观察周围并基于观察到的事物和现象探索出一些规律，我们就是在像科学家那样开展研究。

早在约公元前3000年，人们就已经认识到，太阳、月亮与当时已知的五颗行星的运动方式是不同的。大约在公元前500年，一些希腊人开始寻求对这些运动的新认识，他们想要超越观察事实，掌握这个系统是如何运转的。古希腊人最早形成了宇宙格局的观念。在古希腊人的宇宙结构里，太阳、月亮、行星和恒星等天体是围绕不动的地球旋转的，这与前面描述的观察结果一样。因为所有的恒星步调一致，所以在宇宙模型里古希腊人把所有的恒星都嵌在一个透明的、看不见的球壳的内表面上，球壳的中心在地球中心，球壳带着恒星每天绕地球转一圈。在古希腊人眼里，太阳、月亮和五个看得见的行星等七个天体也在各自的透明球壳上，都以不变的、均匀的速率绕地球旋转，大致每天一圈。这些球壳以略微不同的速率绕着通过地球中心的同一轴线旋转。

公元前300多年古希腊著名的哲学家亚里士多德对这一被称为"地心说"的宇宙结构进行了系统性的概括和总结。但关于大地是球形的观点在公元前500年左右就由古希腊哲学家毕达哥拉斯提出了。毕达哥拉斯关于球状大地的观点，一直延续至今。当然，人们也可以为这一理论找出一些可以被古希腊人直接观察的例子，比如船出海时渐渐地没入地平线以下，在月食时观察到的地球投到月亮上的影子正好符合地球和月亮都是球状的预期等。

由毕达哥拉斯和他的追随者们形成了古希腊哲学史上著名的毕

达哥拉斯学派，这一学派狂热崇拜抽象概念，他们认为在某种意义上，概念是永恒的。这一学派有句名言，"万物皆数"，认为"数是形式和思想的尺子，数是上帝和魔鬼的事业"。毕达哥拉斯学派寻求了一个完美对称、无始无终的几何形状——圆，永恒的星星就在这圆形轨道上运动起来了。虽然其他古希腊人对此表示怀疑，毕达哥拉斯学派也因此受到迫害，但是他们的思想对后来的哲学家如柏拉图和亚里士多德，以及后来的西方文明都产生了深远的影响。

差不多也是在公元前300年的古希腊思想家阿利斯塔克曾提出，是太阳而不是地球静止在宇宙中心，地球和五个行星绕太阳做圆周运动，并且地球还绕自己的轴自转。这是一个全新的宇宙结构，但是存在几点无法解决的困难：其一，地球和天上的行星看起来差别很大，怎么可能会有一样的运动呢；其二，地球这么大，是什么巨大的力量能够推动它保持运动；其三，如果地球真的运动，像天空中飘浮着的云、飞翔的鸟类这些并不附着在地球表面的物体似乎应当落在后面，但人们并没有观察到这一现象；其四，如果地球自转，地球表面的物体就会被抛出去，这一切也没有发生！基于这些困难，希腊人否定了阿利斯塔克的理论。在人类思想史上第一次有记录的以太阳为中心的"日心说"宇宙观就这样被湮灭了。直到大约过了2000年，"日心说"理论才再次被人们认识。

人们对星星的观察还在继续，细致的观察表明，每个行星绕着地球并没有像预言的那样是匀速运动，行星会出现逆行（见图1.2）。以火星为例，相对于恒星来说，火星一般由西向东以变化的速率运动，但是有时它改变了运动方向，由东向西，这就是逆行。

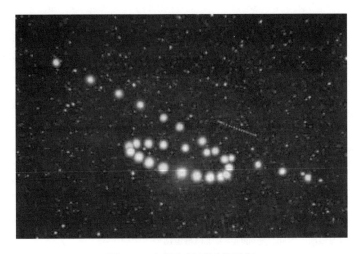

图 1.2　火星与天王星的逆行

图中拍摄了一年中不同时期火星相对背景的恒星位置的变化。一年之中火星在图片中自右（西）向左（东）发生相对位置的改变。较为明亮的星星对应的是火星的逆行，在其上方略显暗淡的是天王星的逆行。

　　关于行星的逆行，我国汉代司马迁所著《史记》中就有记述："……五星无出而不反逆行，反逆行，尝盛大而变色……"古人认为水星、金星、火星、木星、土星的逆行是一种正常现象，并且五星在逆行时会变大而且变亮。希腊人在观察中也注意到了行星在逆行期间比其他时间显得更亮，仿佛这段时间它离地球更近。而在原有的"地心说"理论中，每个行星都在一个以地球为中心的球面上，这意味着每个行星到地球的距离是固定的。为了解释行星亮度的变化，希腊人让每个行星沿着一个圆上之圆环绕地球运动，环绕地球的大圆是行星运动的均轮，而这个圆上之圆的小圆被称为行星的本轮（见图 1.3）。本轮的中心沿着均轮匀速运动，因此行星同时进行了两种运动。这个理论与实际观察结果一致，预言了一段短暂的逆行，并且在逆行期间行星离地球更近，所以也应该显得更亮。这一理论很好地解释了当时的观察结果。

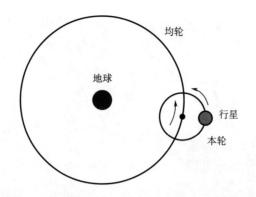

图 1.3 托勒密理论中行星运动本轮–均轮示意图

每个行星沿着一个小圆（本轮）匀速运动，小圆的中心沿着环绕地球的大圆（均轮）做匀速运动，因此行星同时参与了两种运动。

为了和越来越丰富的观测现象保持一致，本轮–均轮方法变得越来越复杂。公元 100 年前后古代天文学家托勒密对这一理论做了改进和总结，这一理论被称为托勒密地心本轮理论。托勒密理论早已失去了古希腊宇宙理论的简洁美，由于观测现象的不断丰富而使理论变得越来越繁琐。托勒密理论认为地球并不在行星均轮这个大圆的圆心，而是相对于圆心有一定距离的偏离，从而创立了偏心匀速圆模型。现在看来，这一模型中的轨道比较接近后世开普勒理论里的椭圆轨道。在托勒密理论里，水星和金星的本轮中心被人为地固定在地日连线上，从而可以解释为什么人们总是在早晨或者黄昏的时候观察到在太阳附近出现的水星和金星。

科学史学家和哲学家库恩曾经说过："在科学史上，本轮–均轮方法由于其精巧、灵活、复杂程度和预言能力，直到相当晚近时期都没有可与之比肩的体系。"库恩的评价一方面表明这一理论的精巧，另一方面也说明该理论太过繁杂。以至于十三世纪的西班牙国王阿方索十世曾评论说："如果全能的主在着手创造万物之前先和我商量，我当提供更简单的方案。"本轮-均轮方法因为设计精巧，结构复杂，对新观察现象的融合性、适应性强，因此即便后世哥白尼把太阳放在了宇宙中心并创立了"日心说"，但是在定量地描述行星的轨道时也借助了本轮和偏心圆的理论。

1.1.2　哥白尼的宇宙理论

1543 年，波兰天文学家哥白尼出版了著名的《天体运行论》，哥白尼认为托勒密体系"既没有充分理由认为是绝对的，也不是尽如人意的"，便提出了一个较为简洁的理论。在哥白尼的理论中，把太阳放在宇宙的中心，地球环绕它运行。这种认为地球是在运动而且是一个与其他行星没有什么不同的行星的古怪想法，在当时遇到了很大阻力，因为它与地球在宇宙的中心是静止不动的直觉观念相抵触，也因为它与占统治地位的哲学相冲突。

值得一提的是，1543 年常被认为是近代科学的诞生年，因为这一年同时问世了两部重要的科学著作，除了哥白尼的《天体运行论》，还有荷兰人安德烈亚斯·维萨留斯所著的《人体结构》。《人体结构》这本医学书详细记述了人体骨骼、肌肉、血液以及各种器官的解剖结果，开启了现代解剖学，将经验主义精神重新引入医学，现代医学由此诞生。维萨留斯的著作对古罗马时期的医学家克劳迪亚斯·盖伦所建立起来的"三位一体"学说提出了质疑并指出了其中的错误，盖伦的解剖学和生物学理论具有显著的"目的论"色彩，认为人体的各种构造和功能都是被有目的地创造和安排的，完全符合天主教"上帝造人"的教义，因此得到教廷的鼎力支持，被尊为"医学教皇"。同时由于在中世纪的欧洲教会严禁进行人体解剖，维萨留斯显然触犯了教会的权威，因此遭到了教会的指责和迫害。宗教裁判所以"巫师"等罪名判处维萨留斯死刑，但由于他是西班牙国王的御医而幸免一死，后被教会逼迫去耶路撒冷朝圣以"忏悔罪过"，最终死在流放的路上。

中世纪时期的欧洲，圣奥古斯丁和托马斯·阿奎那等哲学家已经把包括托勒密天文学在内的希腊思想与基督教神学结合在一起。直到文艺复兴，马丁·路德向天主教会的权威发起了正面的冲击，哥伦布完成了远航，艺术家的眼光超出了基督教艺术，航海家的眼光超出了欧洲，哥白尼的眼光超出了地球自身。哥白尼把地球想象成空间的一个与其他天体相似的物体。在哥白尼以及哥白尼之后的科学家看来，"地心说"的观念显得那么狭隘和闭塞。

于是，作为毕达哥拉斯学派的坚定信徒，哥白尼提出一个比以前更广泛的问题：对于太阳、月亮和地球的运动，能够符合对天界已知的测量结果的最优美的几何方案是什么？在哥白尼跳出地球视角来审视这个问题之后，他发现了一个更合理的圆的安排。在哥白尼的新的理论中，可见的行星和地球环绕太阳做匀速圆周运动，只有月亮环绕地球运行。哥白尼通过让地球由西向东自转，而不是星星的球壳由东向西旋转，得出了太阳、月亮和地球每天由东向西运动的结论。

哥白尼说："太阳在宇宙正中坐在其宝座上，在这壮丽的神殿里，有谁能将这个发光体放在另一个更好的位置上以让它同时普照全宇宙？……我们在这个安排中找到了这个世界美妙的和谐，以及运动与轨道大小之间不变的和谐关系，要不然这是找不到的。"

哥白尼时代还没有望远镜，哥白尼的理论和托勒密的理论一样都与当时的观测数据相符。而且哥白尼的理论面临着古希腊阿利斯塔克理论一样的问题，但哥白尼并没有回答这些问题，他只是指出这些问题在托勒密的巨大的旋转天球中更为突出，至少旋转的地球要小得多。当哥白尼这样说的时候，他已经把地球运动与星星运动以相同的规律来假定了。以前没有人像哥白尼这样想过，在古希腊的亚里士多德看来这是不一样的运动。后面我们讲运动学时还会详细探究运动的问题。

直到哥白尼去世大约 70 年后，伽利略将望远镜引入天文观测中，对哥白尼"日心说"理论能提供强有力的、决定性支持的观察数据才不断出现。以观测到的金星的盈亏变化为例，伽利略观察到了金星经历了与月相相似的盈亏变化。这说明金星并非自身发光而是反射的太阳光。按照托勒密的理论，金星本轮的中心应固定在地日连线上才能解释从未在远离太阳的地方看到过金星这一事实。这样的话，在地球上就绝不能看到满盈的金星。但是按照哥白尼的理论，只要地球与金星两者处于太阳相反的两侧，我们就能看到满盈的金星。显然，伽利略用望远镜看到的金星盈亏变换中包含满盈的金星！

1.1.3 开普勒的宇宙理论

在哥白尼之后，伽利略之前，有位天文观测奇才，这就是第谷·布拉赫。第谷在天文观测上的精确数据，为后人推翻哥白尼和托勒密两大宇宙结构理论提供了支持。第谷的观测数据非常精确，以至于时至今日还能被使用。在第谷之前，最好的天文测量偏差大概为 1° 的 1/6，而第谷测量数据的偏差只是 1° 的 1/30。托勒密和哥白尼的两个理论都与第谷的观测数据存在着微小的偏差，正是在这微小偏差的基础上，第谷的助手开普勒建立了新的宇宙结构理论。

开普勒忠实于毕达哥拉斯关于宇宙中存在优美的数学秩序的观

念，他对太阳的崇拜也非常虔诚。开普勒曾说过，"几何学在上帝创造万物之前就已存在了，它和上帝的心智同样长久，它就是上帝；几何学为上帝创世提供了一个模型"。他还声称，"宇宙所有物体当中最卓越的就是太阳……太阳的全部实质就是最纯洁的光，没有比它更伟大的星星了，唯有它才是万物的创造者、保养者和供暖者，它是光的源泉，包含热量，带来成果，看上去极美丽，极清澈，极纯洁，是视觉之源，是所有颜色的图画者……太阳位于运动群星的当中，其自身静止却又是运动的源泉……太阳将其动力散发到周围的空间，赋予运动的天体……"。

开普勒是第一位公开支持哥白尼理论的天文学家，他怀着"令人难以置信的如醉如痴的喜悦"思考着哥白尼理论，但是当他发现第谷的观测数据与哥白尼的理论预言存在偏差时，开普勒选择了相信数据。他坚信，在这个偏差上应该能建立一个新的宇宙结构理论。开普勒拒绝了哥白尼的理论，开始进行历史上第一次不基于匀速圆周运动组合的行星运动研究。开普勒花了 16 年的时间，终于建立了一个新的理论且他的观测数据与第谷的观测数据完全一致。

开普勒理论表明，每个行星不是在以太阳为中心的圆上运动，而是在一个以太阳为焦点的椭圆上运动，太阳位于椭圆的一个焦点上，另一个焦点上没有任何东西。开普勒建立了我们现在所熟知的关于行星运动的开普勒三定律，前述椭圆轨道的内容即开普勒第一定律。开普勒第二定律又称面积定律，指行星和太阳的连线在相同的时间内扫过的面积相等；开普勒第三定律是指行星绕太阳转动周期的平方与其轨道半径的立方成正比。开普勒第一和第二定律发表于 1609 年，是开普勒从第谷观测火星位置所得资料中总结出来的，开普勒第三定律则发表于较晚的 1619 年。开普勒三定律在天文学发展历史上有非常重要的地位，其意义在于：一方面，开普勒第一次提出了行星不基于圆形的运动轨道，这不仅彻底摧毁了托勒密的本轮体系，同时也完善和简化了哥白尼的日心宇宙体系；另一方面，开普勒开创了天文动力学研究的先河，为牛顿等科学家发现万有引力规律奠定了基础。二十世纪著名的哲学家和小说家亚瑟·凯斯特勒把开普勒这位科学家兼神秘主义者描写成中世纪科学与近代科学的分水岭。

据说电影《加勒比海盗 5》里被诬陷为女巫的天文学家卡瑞娜的原型就是开普勒的母亲。在电影中，卡瑞娜手拿一本伽利略日记，借助这本日记中关于星星的记载，她找寻到了海神波塞冬的三叉戟。只是历史上当伽利略 1609 年做出天文观测上的重大贡献时，开普勒的母亲卡特琳娜已经 62 岁了，她在 68 岁的时候才被指控为女巫。中世纪欧洲长达 300 年的猎杀女巫运动有着宗教和社会背景，卡特琳娜只是这场不幸运动中的一个幸运儿，她借助开普勒的辩护总算幸免被处死。而她之所以被认为是女巫可能是因为这个老妇人对生活的抱怨和诅咒不幸成为现实，在那个愚昧的时期这就好像具有了神秘的女巫的能力一样。但是开普勒在天文学上的一些成就，倒是真的带有一定的神秘主义色彩。

1596 年开普勒出版了《宇宙的奥秘》，公开了他关于行星与太阳距离的重大发现。作为毕达哥拉斯的信徒，开普勒在这本书中宣称自己发现了自然的数学规律性，他用几何学上的五种正多面体把哥白尼体系中的六颗行星天球隔离开来，构建出一种宇宙模型。在这一模型中，最靠近太阳的是水星天球，水星天球内切一个正八面体，而这个正八面体的外接天球是金星，继续向外分别是正二十面体、地球轨道所在球体、正十二面体、火星天球、正四面体、木星天球、正立方体、土星天球等。开普勒认为上帝在创造宇宙的时候，正是以这五种规则的几何体对天空做出了安排。虽然这些夸张的观点极具神秘主义色彩，但这依然带给了开普勒很大的声望。开普勒被人们认为是真正了解天文学的数学家，因此获得了第谷的青睐，得到了一份工作。

开普勒提出了行星运动的椭圆轨道，但是什么样的力驱使行星在椭圆轨道上按照面积定律要求的速度变化而运动呢？开普勒认为，太阳会发出某种驱使行星运动的力或流射（有时候也被称为"施动灵魂"），但是，令人不解的是，这种流射并不是从太阳向四面八方扩展开来的，而只是在某一个平面上扩展开的，毕竟观察发现的所有行星都在非常接近的一个平面内（黄道面）。开普勒同时认为，这种流射遵循一个完全不像光的强度变化跟距离平方成反比那样的规律。开普勒经过细致的推导，在其双重错误的假设下得到了面积定律。开普勒得到面积定律早于其得到行星椭圆轨道定律，开普勒认为太阳流射使行星环绕太阳做圆周运动，而太阳和行星之间的磁相互作用使得行星的圆周轨道变成椭圆。重大的发现竟然是由于某些重大的计算错误而使它们彼此相互抵消，这种在怪异的摸索中偶然做出的重大发现确实具有神秘主义的色彩。

1609 年伽利略通过望远镜观察到木星的四颗卫星的时候，开普勒公开承认自己相信这一结果，并且宣称望远镜也应该能看到火星有两颗卫星、土星有八颗卫星。他的理由非常明显，因为这样的话每颗行星的卫星数目就可以按照几何级数增加了，即：地球一颗卫星，火星两颗，木星四颗，土星八颗。开普勒一直试图把行星运动和位置的数字匹配起来，他关于行星运动的第三定律即距离周期关系也印证了这一点。但也正是开普勒对数与自然之间这种颇具神秘主义色彩关联的执着追求，使他取得了天文学史上的重大成就。

只是对于伽利略等一些同时代的科学家们来说，开普勒的这些发现到底是科学还是命理学呢？现实是颇具争议因而就不难理解为什么在伽利略的著作中，从未提到过开普勒的任何定律，也从未加以褒贬。同时也囿于作者的性格，开普勒在撰写这些著作时其语言和文体难以想象地艰深冗长，令人难以忍受，这与伽利略的两本著作（《关于两大世界体系的对话》《关于两门新科学的谈话》）中采用的生动活泼、清晰流畅的语言以及文体形成鲜明对比，所以开普勒三定律很久之后才被世人所接受。

关于天文学的早期发展我们就介绍到这里，下一节我们将基于此来探究什么是科学方法。

1.2　科学方法

从公元前3000年左右到十七世纪开普勒三定律的建立，天文学完成了早期发展的历程，让我们简单梳理一下天文学早期发展的脉络（见图1.4）。

公元前3000年左右，人们观测到太阳、月亮和星星在头顶运动。对于宇宙结构的理论尚未形成。

公元前500年左右，毕达哥拉斯关于大地球形、行星圆周运动的理论出现。

公元前300年前后，阿利斯塔克理论出现，提出以太阳为中心的圆轨道理论。人们普遍认为观测事实显得与阿利斯塔克理论矛盾。

公元前200年左右，人们观测到行星在逆行时更亮。

公元前100年左右，以地球为中心的本轮–均轮理论出现。

公元100年前后，细致的定量测量表明理论还需要小修正。托勒密理论诞生，对以地球为中心的本轮–均轮理论不断进行了修正。

公元1500年后，哥白尼提出以太阳为中心的圆轨道理论。

公元1600年前后，第谷的准确测量否定了托勒密和哥白尼的理论。开普勒理论问世，建立以太阳为焦点的椭圆轨道理论。紧接着伽利略用望远镜观察的结果否定了"地心说"理论。

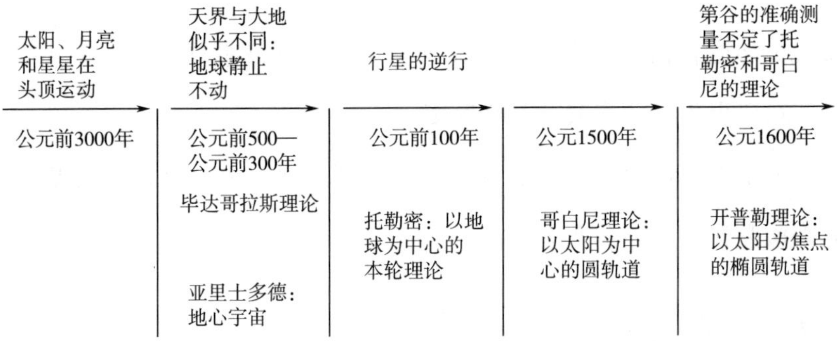

图1.4 天文学早期发展脉络简图

图中时间箭头的上方列出了观察的现象，下方列出了基于观察人们提出的与观察对应的理论。

借助于天文学早期认知的发展过程，我们可以得出一般性的科学认知（科学方法）：科学是基于经验与理性之间的互动。所谓经验，包括实验和观察结果；所谓理性，就是整理经验使之相互关联的理论和假说。正是这一植根于经验与理性的基础，将科学与基于信仰、直觉、个人权威或权威性著作的其他形式的知识区分开来。

　　天文学早期认知史上有两个重要的进展决定了发展的方向，这两个进展也开启了人类的科学时代。一个是毕达哥拉斯学派对自然和谐的信念。这种信念吸引了希腊哲学家，然后传播到全世界。这一信念认为，宇宙是组织在一个由一些原理构成的框架中的，而这些原理是可以通过观察发现的。另一个历史进展是抛弃地球是宇宙中心的观念，这一进展由哥白尼开启并推动，因此又被称为"哥白尼革命"。它带来的冲击是正像地球是一颗与其他行星类似的行星，大自然基本上到处都一样，只是在不同地点和时间在细节上有所不同，但总是遵循同样的普遍原理。

　　更多的人开始沿着哥白尼对宇宙认识的思路走下去。越来越明显的是，被哥白尼和开普勒看作宇宙中心的太阳也只是与其他恒星一样的一颗恒星。现在人类早已清楚，即使只是在人类所处的银河系，也有大约4 000亿颗恒星，太阳只是其中的一个。本星系是一个巨大的旋转着的集合，太阳不在这个集合的中心，这个集合的中心也不是宇宙的中心，另外还有几千亿个相似的其他星系遍布可观察到的宇宙。现在普遍的观点认为这些星系没有一个位于宇宙中心，因为宇宙没有中心。

　　亚里士多德时代构建的以地球为中心的宇宙结构理论，影响了人们对事物规律的认识，亚里士多德由此认为地球上的事物和天空的日月星辰应遵循不同的自然规律，从而发展起以地球为中心的物理学。当哥白尼"日心说"理论宣布地球只是众多行星中的一个的时候，地球上的事物就不应再被赋予"特权"而遵循不同的自然规律；牛顿从而得以用统一的自然规律和基本原理来描述宇宙各处事物的运动，一门新的物理学建立起来了。当"哥白尼革命"的思想波及生物学领域时，产生了达尔文的生物进化论。就像哥白尼把地球与其他行星统一起来研究一样，达尔文把所有的生物统一起来研究，再次失去"特权"的人类只是许多生物物种中的一种。当"哥白尼革命"的思想影响到人类思想的最深处时，以亚里士多德思想为基础的天主教神学受到了撼动。即便在哥白尼去世 70 多年后，天主教会仍然宣布哥白尼的理论是"全然离经叛道的异端邪说"，哥白尼理论的支持者受到了天主教会的谴责和迫害。德国诗人歌德就曾说过，"人类也许还从来没有面对过比这更大的挑战，这是因为既然（哥白尼）承认（人类不是宇宙的中心），那么，第二个乐园，一个天真无邪的世界，诗与虔诚，理性的证据，宗教的、富有诗意的忠诚的确信……还有哪一样不会化为烟尘呢？难怪人们接受不了这一切，难怪他们把自己摆在和这个学说完全对抗的位置上"。

1.3　为什么要学这门课

在对科学有了前述的认知后，读者们可以思考一个问题：为什么要学习科学？或者说，既然本书是一门科学素质类课程的配套教材，那么通过学习这门课或者这本教材，我们希望读者获得什么？

中国科协在国家科委的支持下，从 1992 年到 2018 年共组织了十次全国公民科学素质调查。2015 年的科学素质调查数据显示，我国公民具有科学素质的比例是 6.20%，这个水平是远低于西方国家的水平的。2018 年 9 月 18 日，中国科协公布了第十次中国公民科学素质调查报告，调查覆盖全国 31 个省、自治区、直辖市的 18~69 岁公民。调查结果显示我国公民的科学素质水平提升快速，2018 年我国公民具备科学素质的比例达到 8.47%，为实现《国民经济和社会发展第十三个五年规划纲要》中提出的到 2020 年 "公民具备科学素质的比例超过 10%" 的目标奠定了坚实的基础。2021 年 1 月 26 日，中国科协在北京举行新闻发布会，对外发布了第十一次中国公民科学素质抽样调查结果：2020 年我国公民具备科学素质的比例达到 10.56%，顺利完成了《国民经济和社会发展第十三个五年规划纲要》提出的任务。科学素质是国民素质的重要组成部分，是社会文明进步的基础。公民具备科学素质是指崇尚科学精神，树立科学思想，掌握基本科学方法，了解必要科技知识，并具有应用科学分析判断事物和解决实际问题的能力。提升科学素质，对于公民建立科学的世界观和方法论，对于增强国家自主创新能力和文化软实力、建设社会主义现代化强国，都具有十分重要的意义。这也是本书希望达到的第一个目的，希望它能有助于提高读者的科学素质。

我们的地球形成于约 50 亿年前，最早的简单生物出现于近 40 亿年前。从那时起，有机体就一直在进行生物进化，且与环境相互作用的方式日益复杂。从人类的视角来看，人类是意识越来越进化的生物有机体序列中最新的一员。爱因斯坦曾经说过，"人是这个我们叫作宇宙的整体的一部分，在时间和空间上都是有限的一部分。他体验自身，感受自己的思想和感觉，似乎这些与其他部分是隔开的——这是他意识中的一种错觉。这种错觉是一种对我们的囚禁，把我们局限在个人欲望和对最亲密的几个人的感情之中。我们的任务应该是摆脱这种囚禁，扩展同情的范围，去包容一切生物和美好的大自然。没有人能够完全达到这一点，但为此而努力本身就是解放运动的一部分，也是内心平静的基础"。这也是本书的第二个目的，扩展我们的见识，从而满足不断增长的意识或知识的需要。

本书创作的初衷是希望读者通过阅读这本书能形成适应科技时代的社会价值观念。人类文明发展到今天，所面临的诸多社会或者环境问题，诸如人口增长、贫困、犯罪、物种灭绝、全球变暖、城市衰退、战争、空气污染、传染病、饥荒等，以及应对这些问题的办法，比如经济增长、教育、可持续耕作、国际法、环境保护、疾病控制、合理使用能量、关心环境等，都与科学和技术密不可分，所以我们这个时代被称为科技时代。地球上每个国家的公民都不应该把解决这些问题只看作是专家和政府的事情，每个公民都应该积极参与这些问题的解决，所以我们必须要先找到这一时代的原则性方向。

在科幻小说《月球上的火》中，作家梅勒写道："二十世纪将带来前所未有的死亡、毁灭和污染。更糟的是，处在这个世纪中的人们还想把他们的生活观念带到其他的星球上去……这是一个追求技术合理性的世纪，同时又是一个如此没有理性的世纪，以致在每个头脑中展现了全球毁灭的真实可能性……因此，这个世纪受到无与伦比的力量推动，朝着它不能理解的方向发展。它强烈追求的是加速……而原则性的方向却不知道。"

我们每天使用照明灯、打开电视、发动汽车、使用手机等，我们每天都在感知科学的力量。这些对我们的生活有着巨大的影响。这些影响既有好的方面，比如借助手机网络通信，与他人的沟通真正实现了天涯咫尺；当然也有坏的方面，比如长久使用手机会对身体产生不利影响等。科技时代在传统道义上的"两难"是了解与负责任地处理这些强大的技术的问题，这种两难处境曾象征性地出现在十九世纪玛丽·雪莱的小说《弗兰肯斯坦》中。享受技术的威力却不承担使用技术的责任，将会招来灭亡、荒芜与污染——这就是《弗兰肯斯坦》一书中怪物对其创造者的报复。

思考题和习题

1. 怎样用托勒密的本轮-均轮理论解释行星的逆行，以及行星在逆行期间更亮的观测结果？

2. 试用哥白尼的"日心说"解释为什么金星常常会以"晨星"或"昏星"出现？

3. 最早提出"日心说"的是（　　　）。

A. 阿利斯塔克　　　　　　　　B. 亚里士多德

C. 毕达哥拉斯　　　　　　　　D. 托勒密

4. 下列理论有助于开普勒宇宙观形成的是（　　　）。

A. 哥白尼理论　　　　　　　　B. 阿利斯塔克理论

C. 托勒密理论　　　　　　　　D. 牛顿理论

5. 开普勒认为地球绕太阳运动的轨道是（　　　）。

A. 椭圆　　　　　　　　　　　B. 圆

C. 抛物线　　　　　　　　　　D. 直线

6.《国民经济和社会发展第十三个五年规划纲要》中提出到2020年我国公民具备科学素质的比例应超过（　　　）。

A. 20%　　　　　　　　　　　B. 10%

C. 30%　　　　　　　　　　　D. 40%

7. 第一次通过望远镜看到金星盈亏的科学家是（　　　）。

A. 伽利略   B. 第谷·布拉赫

C. 亚里士多德   D. 开普勒

8. 下列观点中可以认为是"哥白尼革命"延续的是（ ）。

A. 牛顿万有引力定律

B. 宇宙为人类所产生

C. 人类在生物学上完全不同于其他物种

D. 月球可能是由地球分裂的材料构成的

9. 哥白尼提出以太阳为中心的圆轨道理论大约在（ ）。

A. 公元 16 世纪   B. 公元前 5 世纪

C. 公元 1 世纪   D. 公元 17 世纪

10. 小说《弗兰肯斯坦》的作者是（ ）。

A. 玛丽·雪莱   B. 查尔斯·狄更斯

C. 简·奥斯汀   D. 乔治·萧伯纳

2 原 子 论

　　著名物理学家费曼曾提出一个问题："如果在某种灾变中，所有科学知识都将被毁灭，只有一句话能传给后来的智能生物，那么怎样能以最少的语言包含最多的信息呢？"费曼说，他相信那就是原子假说，即万物皆由原子构成。在这一句话里有着关于这个世界的极大量的信息。本章我们将在经典物理学的框架内认识"物质是由原子构成的"这一物质结构理论，并简单讨论这一理论对人类文明产生的深远影响。

2.1 原子观念

第一章我们介绍了天文学早期发展的过程，这一过程是人类对于宇宙结构的认知过程。在人类完成对自身在宇宙中位置的界定之后，人们将目光从浩瀚的宇宙转向身边的事物，开始认识物质（或者更准确地称为"实物"）的结构。人类对物质的结构，或者说实物的本性的认识经历了两个时期：哲学时期和科学时期。而在十七至十九世纪这段时间可以看成这两个时期的过渡阶段。

原子论的提出可以追溯到古希腊时期。公元前 400 多年，古希腊的数学家、哲学家芝诺曾经提出一个关于运动的不可分性的哲学悖论。悖论中说，古希腊神话中跑得最快的英雄阿喀琉斯在他和乌龟的跑步竞赛中，他的速度为乌龟 10 倍。乌龟在阿喀琉斯的前面 100 米开始跑，阿喀琉斯在后面追，但他不可能追上乌龟。因为在赛跑中，追者首先必须到达被追者的出发点，当阿喀琉斯追到 100 米时，乌龟已经向前爬了 10 米，于是，一个新的起点产生了；阿喀琉斯必须继续追，而当他追到乌龟爬的这 10 米时，乌龟又已经向前爬了 1 米，阿喀琉斯只能再追向那个 1 米。就这样，乌龟会制造出无穷多个起点，它总能在起点与自己之间制造出一个距离，不管这个距离有多小，只要乌龟不停地奋力向前爬，阿喀琉斯就永远也追不上乌龟！

当然，近代数学已彻底地澄清了这类问题。我们可以认为芝诺采用了一个不同于我们常用的均匀时间的概念。芝诺对时间的计量单位是在逐渐缩小的，而且这个缩小范围是一个小到无穷小的极限，所以在这种可以无限变小的时间计量下，阿喀琉斯始终追不上乌龟。

但我们的常识告诉我们，虽然这个不断缩小的时间一直延续，但是在我们日常的时间观念里这种延续将终止于某个很近的时刻。当这个时刻到来时，阿喀琉斯就可以追上乌龟了。

在古希腊的另一位唯物主义哲学家留基伯看来，芝诺提出的乌龟"总能在起点与自己之间制造出一个距离"隐含着距离是无限可分的。如果摒弃在芝诺的论证中包含着的距离的无限可分性，就避开了由芝诺做出的"不可能"的结论。也就是说，在最小的不可分的距离上，阿喀琉斯就一定可以追上乌龟。对可分性建立起这样的极限就导出了原子的概念，即物理学上的"不可分"的概念。伟大的古代原子论的解说者是留基伯的学生德谟克利特。德谟克利特说，世界是由空虚的空间和无数不能再分的、看不见的微小原子组成的。仅仅以原子的结合和分离就能解释物体的产生和消灭，甚至于连感觉和思想现象也是原子结合和分离的结果。

德谟克利特设计了一个"思想实验"来阐述他对于"不可分"的认识。所谓思想实验，是想象中的实验，即在原理上看它是可能的，但实际上很难实现。在科学发展的过程中，人类的认识越来越远离日常的直观经验和直觉，科学研究所需的实验条件无法满足科学发展的需要，运用思想实验进行科学研究就成为一种必然。思想实验最初从物理学中发展起来，这与物理学主要始于研究宏观物体的运动有关。亚里士多德的物理学研究大都是思想实验。不过刚开始的时候，思想实验主要是思辨的形式，比如本节讲到的芝诺的阿喀琉斯追赶乌龟的悖论。科学的思想实验从伽利略开始，有很多著名的科学思想实验，比如，伽利略的比萨斜塔落球实验，爱因斯坦的追赶光线实验，薛定谔的猫等。

德谟克利特的思想实验是这样的：设想一个人把一块金子切成两半，接着把其中一半再切成两半，这样继续下去，他能分割到什么程度？可以想象，要么这种分割能够永远继续下去，要么有一个限度，到了这个限度就不能进一步分割了。这就是说，物质要么是连续的可以无限分割下去，要么是由不可分割的粒子构成的。第一种可能性在德谟克利特看来是荒谬的。于是他认为，物质由小的不能察觉的粒子构成。他把这种最小粒子称为原子。因此德谟克利特得到了物质的原子论：所有物质都由小得看不见的微小粒子构成。在德谟克利特时代，原子概念还未被观察结果证实，只是一种猜想或者假说，直到十九世纪和二十世纪，观察结果证明了这一假说，于是它就成为一个确立的理论。差不多与德谟克利特同时期的中国战国时期的《庄子·天下》中记录了这样一句话，"一尺之棰，日取其半，万世不竭"，意思是一尺长的木杆，第一天截掉一半，第二天截去剩余部分的一半，每天这么截下去，虽然经历万世万代但是永远没有穷尽。庄子的意思在于阐述辩证的思想，有限中蕴含无限。《墨子·经下》中也有"非半弗斫，则不动，说在端"的说法，意思是对于给定长度的木杆，连续截半，到了不能再截半时，就会出现不动的端点。墨子所说的这个"端点"，类似于德谟克利特认为的不可分的物质最小单元——原子。

但是在我们亲眼看到一个原子之前，我们怎么知道万物都是由原子构成的呢？古希腊人没有直接用显微镜观察原子的证据，但是德谟克利特设计了一些独到的间接证明。例如他论证说，因为我们能够在远处闻到面包的香味，所以一定是小的面包粒子从面包上脱落下来飘进了我们的鼻孔。直到公元 1800 年前后，英国化学家道尔顿发现了化学上的倍比定律，给出了原子存在的特别的证据。道尔顿注意到，当某些物质化合生成别种物质时，它们总是按重量的简单比值相互结合。例如，当氢与氧结合生成水时，两种物质的重量比总是 1∶8。如果物质无限可分，就难以理解为什么会有这样的比值，但如果物质是由原子构成的，那么就会有一个简单的解释。例如，如果 1 个氢原子和 1 个氧原子有一个简单的重量比，而且这些原子总以简单的比值结合成水，那么水中氢与氧的重量比也将是简单的数值。

今天我们已经知道，单个氢原子和单个氧原子的重量比是 1∶16，而且每个氧原子总是和两个氢原子结合生成一个水分子。所以，我们今天就明白了为什么水中氢与氧的重量比应该是 1∶8。使用原子论可以很好地解释道尔顿发现的化学中的倍比定律，但这时并没有证明原子论。英国植物学家布朗 1827 年用显微镜观察到悬浮在液体中的花粉小颗粒无规律地动来动去，布朗最初认为由于这些花粉颗粒是活的，所以才会出现这种随意的游动。但是，当人们在显微镜里观察到悬浮在液体中的无生命的尘埃颗粒时，发现这些尘埃颗粒也同样无规律地运动不止，从而否定了这个假说。也有人提出，是原子（或者分子）的微观运动引起这种宏观上能观察到的布朗运动。这个想法认为，液体的原子（或者分子）在不停地运动，由于液体中的花粉或者尘埃颗粒不断受到大量液体原子（或者分子）冲撞，某一时刻可能这一侧冲击大些，下一时刻可能另外一侧的冲击大些，这就形成了在显微镜下看到的花粉或者尘埃颗粒不断地做无规则运动的现象。直到 1905 年，26 岁的爱因斯坦计算了像尘埃颗粒这样的粒子受到运动的原子的随机撞击而产生的冲撞数值，并给出了几个定量的数值预言，例如尘埃颗粒聚集物由于液体中的无规碰撞而散开的速率。而这样的预言是能够通过测量检验的，并且测量结果与爱因斯坦的预言相符。这就给物质的原子论提供了强有力的支撑。在爱因斯坦的工作之后，科学家们终于不再对原子论提出疑问了。

在观察和理论之间不断往返的科学之路，是研究取得成功的保证。如果一个观察结果与一个理论相符，那对这个理论来说是好事；如果观察结果与理论不符，那对这个理论来说就不太好了。然而对科学的发展而言，却是一件好事，科学正是通过修正和取代已经被证明是错误的理论而得到更大的进步。就像从亚里士多德的"地心说"到托勒密的本轮-均轮模型，再到哥白尼的"日心说"、开普勒关于行星运动的三定律，正是通过不断修正和革新理论而使天文学不断发展进步的。物质的原子论也是一个典型的例子。科学中的原子本性的观念经历了几次变化：在古希腊原子模型中，原子是一种不可改变的、小而硬的单个物体；牛顿的原子观也是如此，十九世纪发现的元素、化合物和布朗运动，都是对这一理论的支持。

在 1900 年前后，与电有关的实验表明，原子比它的古希腊模型要复杂得多。对电的研究贯穿了整个十九世纪，但是直到 1897 年英国物理学家约瑟夫·汤姆逊发现了一种重量很轻的新的带电"微粒"，才有人想到需要一个全新的原子模型以解释这些实验现象。这是第一次发现重量比原子还轻的粒子。显然，它是所谓原子的一部分，这就是电子，原子不再是德谟克利特或者牛顿认为的那样不可再分了。1911 年，英国物理学家欧内斯特·卢瑟福在 α 粒子散射实验中发现原子本身是几乎全空的空间，一个原子的几乎全部物质都集中在极微小的中央核心内，这个核心就是原子核。实验也表明，每个原子还包含在原子核外广阔而全空的区域内运动的电子。卢瑟福根据 α 粒子散射实验现象提出原子核式结构模型。该实验被评为"物理最美实验"之一，卢瑟福也因为他对于原子核的卓越的研究工作被称为"原子核物理学之父"。

科学家发展了物质的原子理论，即电子在环绕原子核的轨道上运行，很像行星在环绕太阳的轨道上运行一样。我们称之为行星系模型。后来，科学家又发现原子核本身又由两种粒子构成，也就是质子和中子。到了二十世纪二十年代，和电子有关的光谱分析与行星系模型发生了矛盾，而且甚至与牛顿物理学本身相矛盾。为了解释新结果，丹麦的物理学家尼尔斯·玻尔在卢瑟福模型的基础上，提出了电子在原子核外的量子化轨道，解决了理论和实验之间的矛盾。原子的量子模型理论成为最新的物质理论。

这样人类对于原子的认识就经历了至少三种不同的理论阶段。在每个理论阶段，新的实验否定了旧的理论，接着科学家就创立一个更广泛的理论，它既能解释旧的理论，也能解释新的观察结果。尽管古希腊原子模型和行星系模型存在缺陷，但科学家们并没有完全否定或者抛弃这些模型，因为这些模型在它们各自适当的范围内还是有用的。例如，我们能用古希腊原子模型说明像空气压强等很多通常的观察结果，而不需要用行星系模型或量子模型来说明，因为原子的内部结构及其量子属性与这些现象无关。若局限在适当的范围内，古希腊原子模型就是一个好的理论。所以，对一个理论最好是说它有没有用，而不是说它正确不正确。

2.2 原子到底有多小

马赫曾经说过，既然我们不能考证世界的各块钻石，为什么我们要把世界想象为一个镶嵌的工艺品呢？的确，在科学发展的很长时期内，人们不能对实际上看见原子或检测单个原子的效应抱任何希望。在 1883 年的时候，英国数学物理学家、工程师威廉·汤姆逊通过四个方面的推理论证了原子是极端微小的。这些推理分别是根据光的波动说、接触电现象、毛细管的吸引作用和气体动理论来进行推导的，推理的结果一致认为，普通物质的原子或者分子的直径大约是 1×10^{-7} 厘米，或者说大约是 1 厘米的一千万分之一那么大。

关于原子存在的最令人信服的证据，莫过于看到一个原子了。然而，靠普通的光很难观测到原子，哪怕用最好的光学显微镜。我们看看显微镜的工作原理。显微镜是利用光在传播过程中经过的物体使光的传播发生变化实现"看到"功能的。只有当一个物体的尺寸足以引起光的传播发生变化，这个物体才可以被看到。类似于我们在跑步中，道路中间有块很大的石块，我们一定会绕过去，如果道路中间是一粒很小的尘埃，我们的运动完全不受影响。

光可以被看作一种波，在某些方面类似于池塘表面的水波。对于水波的传播，大家都知道，如果水面上凸出一个很大的石块和一棵纤细的芦苇，两者对于水波产生的影响有明显的差别；如果是一个更细小的东西，那么对水波的影响就会更小，甚至小到可以忽略。光的波长很短，只有可见的最小尘埃粒子尺寸的十分之一到一百分之一。虽然光的波长已经很小，但是原子的尺寸更小，原子的尺寸只有光的波长的五千分之一。为了直观说明这一点，设想光的波长为 5 米，在这个比例上，一个原子不过是一个 1 毫米大小的斑点。可以把光波类比于我们跑步的步幅，也就是我们每步跨过的距离，显然只有我们步幅五千分之一大小的一粒尘埃完全不会影响我们跑步的节奏。因此，光波太大，不能对微小的单个原子有反应。当然，我们前面提到的用显微镜观察到的布朗运动只是一种我们"间接"看到原子的手段。

直到 1970 年，科学家发展出一种更直接的观察原子的手段——扫描电子显微镜。量子物理学家发现，每个实物粒子，比如电子，都有一个波与之相对应，这个波叫作物质波。物质波的波长只有光波波长的几千分之一，正好可以用来检测单个原子。在扫描电子显微镜里把一束稳定的细小实物粒子流（也就是电子流）射到被检测的物体上，当电子显微镜的电子束扫过单个原子时，电子束的物质波受到扰动，受扰动的物质波被仪器检测记录，该仪器收集并记录了电子产生的图样。这样，人们就能直接看到（或者更准确地说是观察到）原子了。

1983 年，扫描隧穿显微镜出现，它使用只有几个原子宽的微小探针从上方靠近样品表面并对之进行扫描。电子在一个叫作"量子隧穿"的独特量子过程中跨越探针与表面之间的狭窄缝隙运动，以感知表面的显微结构。因为探针针尖能够拾取单个原子，并把它们从一个地方拖到另一个地方，扫描隧穿显微镜实现了德谟克利特只能靠想象进行的思想实验。1989 年，IBM 公司的科学家利用扫描隧穿显微镜拾取了 35 个单个的氙原子。氙原子不易与其他原子结合，从而使它们易于操作，科学家们将它们重新排列，拼写出 I，B，M 三个字母（见图 2.1）。

二十世纪九十年代中期，中科院化学研究所的科技人员利用自制的扫描隧穿显微镜，在石墨表面通过把碳原子移走的方式刻蚀出图案（见图 2.2）。

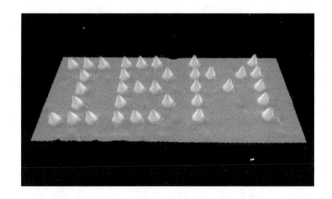

图 2.1　用扫描隧穿显微镜移动氙原子排列组合而成的三个字母 I，B，M

图中原子之间的距离约为 $1×10^{-9}$ 米，也就是十亿分之一米，或单个原子宽度的十倍。

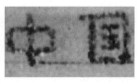

中国科学院的英文缩写　　　　　　中国　　　　　　　　五环旗

图 2.2　用扫描隧穿显微镜在石墨表面移走碳原子形成的图案

图案的宽度大约为 10 纳米。

原子和分子都很小，大头针针头中大约有 $1×10^{18}$ 个以上的原子。呼吸一口空气，这一口空气中大约有一升（1 000 立方厘米）分子数在 $1×10^{22}$ 个以上的分子（$1×10^{22}$ 刚好差不多是地球大气层中空气的总升数）。任何一份特定的空气，在此后几年内都将会随着大气的运动与整个地球的大气混合。这意味着，我们几年前一次呼出的空气里的分子，现在均匀分布在大气里。而大气层中空气的总升数和一升空气中的分子数相当，所以平均来说每一升空气里就有我们几年前那次呼出的空气中的一个分子。于是，地球上每个人任一次呼出的一个分子，现在就在你的肺里。不仅是现在活着的人，也包括那些曾经活在世界上的人每次呼出的分子，现在就在你的肺里。假如每个原子或者分子都能对自己的过往经历保留一个记录的话，那每个人都是一座走动的历史博物馆了。

虽然原子已经很小，但是随着物质结构理论的发展，我们现在已经知道原子还有内部结构。位于原子中心的原子核更小，其大小只有大约原子的十万分之一；同样是在原子内部发现的电子小于迄今测量过的最小长度，其大小只有原子核的十万分之一，甚至更小。

除非涉及放射性衰变、核裂变、聚变等过程，原子很难发生变化，现在大气层里的原子几乎在地球形成之初就已经存在了，原子本身几乎是永恒的，发生变化的仅是原子之间的联系。某个特定的氧原子今天可以是你身体某个细胞的一部分，100 年后可能是大气中某个水分子的一部分，再若干年后也可能是一棵树的一部分。

我们可以通过一个估算，再一次认识原子到底有多小。估算一下在你从出生至今所有呼出的空气分子中，现在正好在你身边的那个人的下次呼吸中将大致吸入多少？对这个题目很难给出一个精确的数值，但是可以估算一下。假定你每分钟呼气 12 次，把每分钟 12 次呼吸乘以每小时 60 分钟，然后乘以每天 24 小时，再乘以每年 365 天，就得到你每年的呼气次数。由于只是估算，我们可以调整这些数以方便计算，比如把每分钟呼吸的次数调整为 10 次，一天小时数调整为 25，一年的天数调整为 400，这样我们只需计算 $10×60×25×400$ 即可。计算很简单，结果是 $6×10^6$ 次，即每年呼吸六百万次。如果读者现在正好 20 岁，那么从出生到现在呼吸了大约 1 亿次。像刚才讨论的那样，我们每次呼吸的空气分子数几年后将均匀分布在大气层的空气里，且每升空气里都有一次呼吸的所有分子中的一个。所以当我们 20 岁的时候，大气层的每升空气里将有大约 1 亿个分子是我们曾经呼吸过的。而此时坐在读者身边的那位朋友每次呼吸的一升空气里，也毫不例外地含有 1 亿个我们曾经呼吸过的分子。当然，这不仅包括你所呼吸过的 1 亿个分子，也包括那些现在地球上活着的每个人，以及每个曾在地球上活过的人所呼吸过的 1 亿个分子。不用担心，所有这些分子只是这次呼吸中吸入的分子总数的一小部分。大家应该还记得，在每次呼吸中，我们大约吸入的空气分子数是 1×10^{22} 个。

所以，原子真的很小，不可思议的小。

2.3　原子论对事物的解释

上一节，我们认识了原子之小，原子虽然很小，但使用原子论能很好地解释一些现象。下面我们就使用这一理论来解释空气结构、物质三态、气体压强、温度等。

美国著名影星玛丽莲·梦露在拍摄电影《七年之痒》时有一张著名的飞裙照片，在电影中，梦露和另一位主演汤姆·尤厄尔走出一家电影院，从下方经过的地铁吹来的一阵微风，撩起了梦露的裙子。生活中我们也有类似这样的经历，当我们逆风而行时总是步履维艰。那么是什么让裙摆飞扬？又是什么让人步履维艰？显然，能够让人或者物体的运动状态发生变化的一定是其他物体的作用。所以这些现象都表明，我们被空气这种看不见的物质所包围。因为我们能感觉到风，所以空气的确存在。原子论告诉我们，每种物质，包括我们拿起或者接触的任何东西，都是由原子构成的。可以合理地假设空气也是物质，因为你能感觉到它吹在你身上。细致的测量会显示空气有重量，这进一步证实了我们的假设。

　　根据原子论，我们断言空气是由原子构成的。我们又可以从布朗运动实验知道，虽然液体外表看起来是不动的，但实际上液体中的原子总是在运动着。在空气中同样也可以观测到布朗运动，在没有风的室内，我们让一个非常轻的纸片或者其他同样轻的物体自由下落，显然，它不会是直线下落，它下落运动的不规则性就是因为空气中的布朗运动。因此，似乎也可以合理地假设即使在静止的空气中，空气分子也在不停地、无规则地运动着。

　　于是，我们可以使用原子论给出解释：空气是由原子（或者分子）构成的，构成空气的原子（或者分子）不停地做无规则的运动。在著名的美籍犹太裔物理学家理查德·菲利普斯·费曼所著《费曼物理学讲义》一书中曾经提到紫罗兰香气的例子。在紫罗兰的各种分子中，一定有一些分子使它有这样的香气，化学家现在已经知道了紫罗兰香气分子的构成，至少从科学的观点看，紫罗兰的气味就来自那些分子。为了使紫罗兰气味散布开来，香气分子必须挣脱紫罗兰。一旦进入空气，运动着的空气分子就撞击香气分子，使之四处运动。这种无规则的撞击使香气分子散布开来，在空气中向各个方向扩散。最后，当这些香气分子到达我们的鼻子时，我们就闻到了紫罗兰的香气。

　　下面我们用原子论来解释物质常见的气态、液态、固态三态。例如，水这种物质，常说的水是其液态，蒸发为汽则为气态，凝固成冰则为固态。几乎每种物质都能以这三种状态中的任何一种状态存在。物质的这三种状态可以根据它们在容器内所具有的形状加以区别。在密闭容器内，固体保持原来的形状，液体在容器底部散布开来，而气体则充满整个容器。比如冰保持自身形状，水均布在容器底部，汽则充满整个容器。除了上面所述宏观层次上的区别，在微观层次上物质三态又有什么不同呢？

固体因为保持其固有形状，所以其分子一定被锁定为固定的布局。而且固体的体积难以压缩，所以它们的分子一定是"挤"在一起的。精确的布局由物质分子靠近到一起时彼此之间以相互推拉的方式决定，分子趋向于锁定为一种有序的图样。有序的分子布局让我们在像钻石这样的宏观晶体中能看到规则表面和美丽的对称性。液体没有固定的形状，所以它们的分子一定不是彼此刚性地固结在一起的。但像固体一样，液体也难以压缩，所以可以预料液体的分子也是到处彼此尽可能靠近在一起。而且液体的分子能够通过相对滑动而在液体中自由游走。气体则不同，气体的体积能够被大大压缩，所以它们的分子一定相隔很远。气体分子冲来冲去，彼此不断碰撞和回弹。根据这样一幅微观图像，我们可以了解到当气体分子连续冲击周围的表面时，气体将对它的容器有向外的压力。这个向外的压力即气体压强。这正如你给气球充气时，就会看到气体压强的作用。每秒有数以万亿计的气体分子被打在气球内表面上，使气球受到向外的压力。进一步的实验可以发现，当气体体积被压缩为原来的千分之一的时候，就会变为液态。如果认为液态物质分子之间是紧密相连的话，那么气态物质分子间的距离就应该是分子本身尺度的十倍左右。

既然我们谈到气体分子连续冲击周围的表面，对承载气体的容器有向外的压力，我们把这个向外的压力叫作气体压强。但是气体分子的"横冲直撞"并不因为承载气体的容器不同而发生变化，也不会因为有没有容器承载气体而发生变化，这种"横冲直撞"是分子固有的性质。对于液体、固体分子也是这样，只是在液态、固态两种物态下，分子之间彼此相对"较强"的约束力限制了这种"横冲直撞"的范围，每个分子被限制在空间某一位置附近"冲撞"。所以，我们常讲"大气压"，事实上并没有一个什么容器把大气放进去，但是气体压强一直都存在。生活常识告诉我们，随着海拔变高，气压会越来越低。可以简单地认为，在海拔较高的地方，同样空间中的空气分子数变少了，所以分子们"冲撞"的表现就会变弱。因此，空气越稀薄（相同大小空间所含有的空气分子越少），气体压强就越小，一个空间如果完全不含有空气，那么气压就为零了。

我们称一个完全没有空气和其他形式的物质的空间为真空，地球上任何一个通常的宏观体积内都不可能达到理想的真空。但我们可以在实验室里得到部分真空，部分实验室状态下容器内的空气比正常密度的空气状态要少得多，但也不是完全没有。在实验室的良好的真空下，每立方厘米内仍有上万亿个分子。但是在外层空间，星系之间的广阔区域则近似于理想真空，分子间的间隔约有两米。

考虑一个充满空气的气球，将其端口扎紧不让空气进出，这样气球内的空气就保持不变了。如果我们对这个气球加热或冷却，气球内空气分子"冲撞"的运动会发生什么变化呢？首先把气球放进冰箱冷藏几分钟，然后把它放在沸腾的热水上方（注意不要离得太近，否则气球会炸掉）。接着发生了什么？在冰箱冷藏后软塌塌的气球随着其内部空气变暖而膨胀了。回到气体的微观图像，我们知道，气球膨胀是由于空气分子的"冲撞"产生的，也就是气球膨胀得越大，气球内气体压强就越大。我们看到，气球是扎紧的，气球里面的空气分子并没有增加，所以随着气球内空气变暖，气球内的空气分子一定会更猛烈地冲击气球内壁而使气球膨胀。这意味着当空气变暖时，空气分子"冲撞"的本领增强了。考虑两个宏观物体的碰撞，或者两个人之间的碰撞，显然只有当两个宏观物体（或者人）的速度增大了，这种碰撞才会变得更强。因此，对于气球内的空气分子来说，"冲撞"的本领增强了，是由于空气分子运动得更快了。

这个实验充分证实了温暖程度与分子运动速度之间的关系。不仅气体是这样，液体和固体也是这样。也就是说，无论是固体、液体还是气体，分子永远在做无规则的（或紊乱的）运动，而且随着固体、液体或气体变得更暖，这些无规则运动逐步加快。物体的冷暖程度可以通过温度计来测量，温度计的读数反映物体的冷暖程度，所得读数称为物体的温度。冷暖程度与分子运动之间的这种联系如此之紧密，以至于科学家认为冷暖程度（或者温度）与分子运动分别是同一现象的宏观和微观两方面。由于这种联系，这种分子运动就被称为热运动。我们可以得到冷暖程度的微观解释：在微观层面上，物体的冷暖程度（温度）是物质分子的无规则的（或紊乱的）运动。这个运动在宏观上不能直接观察，宏观上观察到的是温度。这样我们使用原子论对温度就进行了微观解释。

2.4　原子唯物论

亚里士多德"地心说"的宇宙观把地球放置在宇宙中心，天主教神学从思想上赋予了人类在上帝宇宙蓝图中的中心地位，直到哥白尼"日心说"的出现，以人类为中心的宇宙开始不断被挑战和质疑。哥白尼"日心说"提出后的大约两百年间，哥白尼和其他人在科学认识上的革命性思想广泛流传。人们不再把地球看成是宇宙的中心，地球也是众多行星中的一个，和其他行星一样围绕太阳转动，人类也只不过是地球这颗行星上的一种类型的生命，是人格化的宇宙中的居民。这种新观点引发了高涨的科学思潮，其中的最高成就是牛顿物理学。从伽利略、笛卡尔到牛顿，以及牛顿之后的一些经典物理学家不断开拓和发展了关于运动、力和万有引力等卓著成效的理论。由于牛顿是这一理论的集大成者，所以人们称这一理论为牛顿物理学。在十八世纪到十九世纪这一历史阶段，牛顿物理学的文化影响远远超出其作为科学本身的影响，这一理论深远地影响着人类对自身、社会以及人类在宇宙中的地位的思考和想法。即便是现在，牛顿物理学所包含的世界观仍在文化中占据主导地位。

图 2.3 中的木刻画创作于十九世纪，描述的是当中世纪的信仰让位给哥白尼和牛顿的新科学时，在牛顿之前的暖和舒适的宇宙，就要被浩瀚无际的非人格化的机械论宇宙所取代。木刻画的右边是和煦的阳光洒在肥沃的土地上，星月镶嵌在天空，隐喻人类在宇宙的中心，日月星辰皆以地球为中心。木刻画的左边则是非人格化的机械的、冰冷的牛顿物理学下的世界。

牛顿曾说过，如果说他比别人看得远些，那是因为他站在巨人肩上的缘故。笛卡尔和伽利略这两个巨人，帮助牛顿建立了物理学的哲学基础。今天我们普遍认为，笛卡尔、伽利略和牛顿是自然科学的主要奠基人。原子概念是牛顿物理学很多内容的基础。它是一个十分深刻的概念，也是一个哲学概念。

德谟克利特曾说甜、苦、热、冷等这些人们的感觉的东西都是不真实的，都是从俗约定的。实际上，只有原子和虚空才是真实的。这一哲学认识比德谟克利特的原子论本身产生的影响更为深远。德

图 2.3 从以人类为中心的宇宙到机械论宇宙

德谟克利特其实认为不仅仅是物质,也包括我们的感觉、语言等,所有东西都是由原子构成的,也就是说原子是存在的一切。因此,当我们说"这杯水是甜的"时,实际的意思是指杯子里的水中的原子在以某种方式运动。实际上并不存在诸如甜、苦之类的东西,存在的只有原子。当我们说"这杯水是甜的"时,实际上我们指的只是水原子使我们头脑中的原子按某一方式运动,这种方式最终使我们的声带说出"这杯水是甜的"这句话。德谟克利特认为,这一切都是纯机械的。

生活在公元前 50 年左右的罗马诗人卢克莱修写的《物性论》是一本享有盛名的诗集。该诗集辞藻华丽,而且它通过敏锐的科学观察对现代科学思想做出了光辉的预言。卢克莱修的长诗给古希腊的原子论作了最完全最明白的古代解说:原子是不可分割的,不全相同的小固体;所有的原子都处在永恒的运动中;它们的数量是无限的。卢克莱修还设想一种固体的许多原子互相挂钩着以至于粘连在一起，这种想法被十九世纪的化学家用于解释化合作用和原子价。

卢克莱修赋予世界的现象以必然性，或者像我们将要讲到的那样，赋予世界以物理的规律性。牛顿也曾在卢克莱修的长诗中发现了对伽利略落体原理的清楚叙述。在没有阻力的真空中，所有的原子，无论它是轻的还是重的，都以同样的速度降落。几乎每一代科学家都可能从自己的知识角度研究卢克莱修的诗篇，并具有某些预言式的先见。卢克莱修关于物质构成的最简洁的表述说，独立存在的全部自然是由两种东西构成的：一是物体，二是物体存在于其间、运动于其间的虚空。马克思曾这样评价卢克莱修："卢克莱修是真正的罗马英雄诗人；他的英雄是原子，不能摧毁的、不可入的、武装得很好的、此外别无其他特性的原子；一场一切人反对一切人的战争，这是永恒的物质的顽固的表现形式；一个没有神的大自然，一群没有活动领域的神。"

我们再来看笛卡尔的观点。勒内·笛卡尔是著名的哲学家、数学家、物理学家。数学中常用的笛卡尔坐标系就是以其命名的，他将几何和代数相结合，被后人尊为"解析几何之父"。笛卡尔还是西方现代哲学思想的奠基人之一，他的哲学思想在欧洲影响深远，为欧洲的"理性主义"哲学奠定了基础。笛卡尔哲学思想中最著名的就是那句"我思故我在"，开拓了近代唯心论的西方现代哲学思想。笛卡尔认为感性知觉仅仅是"派生的属性"，这些属性仅存在于我们的心灵中。实在宇宙，即我们心灵之外的宇宙，只包含原子和它们的物理属性，如重量和大小。笛卡尔称这些为"本源的属性"。笛卡尔认为，科学的任务是对本源领域的研究，并用原子解释它。

关于什么是实在、什么不那么实在的这些观点，已经超出了能够观察和证明的范围，不属于科学范畴，这是一种哲学观点而不是科学观点。笛卡尔、伽利略与牛顿都信仰上帝。然而他们所创立的科学哲学没有为中世纪的上帝留下什么空间。相反，他们可能更相信存在这样一位上帝，他创造了宇宙，同时建立了物理学定律，然后就不管别的了，只管维持这些定律。牛顿在 1704 年就曾说过："考虑到这一切之后，在我看来，上帝开始造物时，很可能先造结实、沉重、坚硬、不可入而易于运动的粒子，其大小、形状和其他一些性质以及空间上的比例都恰好有助于达到他创造他们的目的。"不管怎样，牛顿物理学是一个非凡的成就，它在解释无数实验现象时非常有效。

思考题和习题

1. 同种物质的固态、液态、气态在宏观上有什么不同？微观上呢？

2. 为什么向汽车车胎内充气，胎内气压会增加？为什么加热也会使胎内气压增加？

3. 哪种物质形态下物质分子被锁定为固定的布局？（　　）

A. 固态　　　　　　　　　　B. 液态

C. 气态　　　　　　　　　　D. 以上都是

4. 可见光波波长大约为一个原子大小的（　　）。

A. 5 000 倍　　　　　　　　B. 500 倍

C.1/500　　　　　　　　　　D.1/5 000

5. 气体体积被压缩为原来的千分之一后一般会液化，所以可以认为气体分子间距是液体分子间距的（　　）。

A. 10 倍　　　　　　　　　　B. 1 000 倍

C. 1/1 000   D. 1/10

6. 人类对物质结构的认识经历了两个时期，即哲学时期和科学时期，（   ）可以看成是这两个时期的过渡阶段。

A. 17~19 世纪   B. 14~15 世纪

C. 9~10 世纪   D. 3~5 世纪

7. 曾被马克思评价为"真正的罗马英雄诗人"，并认为"他的英雄是原子，不能摧毁的、不可入的、武装得很好的、此外别无其他特性的原子"的诗人是（   ）。

A. 卢克莱修   B. 荷马

C. 约翰·弥尔顿   D. 尤利西斯

8. 扫描隧穿显微镜问世于（   ）年。

A. 1915   B. 1970

C. 1983   D. 1905

9. 下列温度的水分子平均动能最大的是哪一个？（   ）

A. 90℃   B. 60℃

C. 40℃   D. 10℃

10. 1883 年威廉·汤姆逊通过四个方面的推理论证了原子是极端微小的，这些推理不包括下列哪一项？（   ）

A. 化学上的倍比定律   B. 光的波动说

C. 接触电现象   D. 毛细管的吸引作用

3 牛顿物理学

虽然现在我们已经知道，牛顿物理学的概念在超出地球外的情况时并不准确，但它对于我们了解周围宏观世界的运作方式仍然有效，而且是我们每天依赖的科学技术的基础。同时，牛顿物理学的观点仍然保持着其强大的文化影响。本章我们将探讨关于牛顿物理学的内容。

3.1　亚里士多德和伽利略

我们仰望星空，寻找人类在宇宙中的位置，从古希腊的地心宇宙理论，到哥白尼的"日心说"理论，再到开普勒三定律勾勒出的一个行星在椭圆轨道上运行的宇宙理论，天文学的早期发展历程很好地诠释了科学认知过程。科学是基于经验（观察和实验）与理性（整理经验使之相互关联的理论和假说）之间的互动。

人类对于运动的认识也是如此。古希腊哲学家亚里士多德发展了最早的运动理论。他的理论与我们的通常想法一致，直观上看似乎有道理。但从十七世纪前后开始，伽利略和牛顿等科学家抛弃了亚里士多德常识性的观点，创建了一个远没有它直观的新理论。这个新理论统治科学界大约三个世纪，直到二十世纪初期，被更不直观的相对论和量子理论所取代。科学的运动观基于经验与理性的互动而不断地改变。

亚里士多德对于运动给出了最为接近常识性的看法。他注意到某些运动无需帮助即可维持，比如从悬崖掉落的石块、高处泻下的液体、上升的气体和跳动的火焰等。他把这些运动称为"自然运动"，并且认为物体之所以有自然运动，是因为它们会尽量靠近它们的自然静止位置。比如固体的下落说明固体的自然位置位于地球的中心，所有这些自然位置要么竖直向上，要么竖直向下，而水平运动却显然不同。当人们在路面上推、拉一个物体时，亚里士多德认为是人们的推、拉的动作（活动）维持着物体的运动。而且他认为，之所以需要推、拉来维持，是因为物体必须受到强制力才会背离其自身的运动，显然这种运动就被认为是"强迫运动"。

在亚里士多德的宇宙观中，地球位于宇宙的中心，最靠近地球的天体是月亮。亚里士多德认为所有地球上的物体运动不是自然的就是强迫的，但是由"以太"构成的月亮、太阳、星星等，它们的自然位置在天空，它们的运动就是环绕地球做完美的圆周运动，这就是第三种运动——"天体运动"。在古希腊时期，人们认为没有重量、不会腐朽的"以太"构成了日月星辰。因为它们没有重量，所以不会掉落下来；因为它们不会腐朽，所以才能保持永恒。而在地球上的物体显然都不具有这样的性质，因而"以太"这种物质在地球上并不存在。

亚里士多德的运动观虽能解释一下常识的现象，但对于有些问题却无法很好地解释。比如，同样一张纸，在它展开和揉成团时"追寻自身自然位置"的强烈程度却有很大的差别；离开弓弦的箭在水平方向的运动是怎样维持的；等等。

对于亚里士多德理论无法解决的困境，伽利略给出了解释。许多人都知道一个传说，伽利略在意大利著名的比萨斜塔上做过小球自由落体实验，他让不同重量的小球，从塔上同时自由落下。伽利略在实验中发现不同的球同时落地，于是得到重力加速度与下落物体的质量无关的结论，被称为著名的自由落体定律。当然，以我们现在的常识可以判断，去比萨斜塔上做落体实验的很大可能会是伽利略的反对者，因为实验的结果可能与伽利略的结论正好相反。由于存在空气阻力，在小球尺寸和下落速度都相同的情况下，小球所受空气阻力相同，而它们的重量不同，所受地球引力不同。因为这些小球受到不同的向下的地球引力，受到相同的向上的阻力，所以这些大小相同、质量不同的小球从比萨斜塔上下落是不可能同时落地的。也就是说，只有在真空环境中，小球才会同时落地。在伽利略时代虽然无法实现真空环境，但是他巧妙地通过一个思想实验给出了我们现在所熟知的落体定律。

伽利略设想把大小相同的金、铅、木三种材质的球分别在水银、水、空气三种环境里自由下落。根据阿基米德的浮力定律，由于金子的密度大于水银，所以在水银环境下只有金球会下落，而铅球、木球由于铅和木头的密度小于水银都会浮在水银面上；当把三种材质的球放在水里，因为金子和铅的密度大于水，而木头的密度小于水，所以只有木球浮在水面上，金、铅两球都会下落，但是金球落得会快一些；但在空气里，三个球都会下落，金球、铅球落下的速度差不多，木球会慢一些。伽利略认为从水银到水，再到空气，小球们受到的阻力（浮力）是越来越小的，三个小球下落的状态和快慢也越来越接近，因此如果完全排除下落时的阻力，所有物体下落的速度就会一样快。

伽利略还设计了另一个关于落体运动的思想实验，实际上这个实验是思想实验和实际实验的结合。伽利略希望研究在自由落体运动中下落物体的位移与时间之间存在的对应关系，但是自由落体的物体下落非常快，加上伽利略时代的计时工具非常简陋，所以根本无法精确测量。于是，伽利略先通过实际的实验，让一个金属小球从一定倾角的相对光滑的斜面上下落，测量在这个过程中小球的位移和时间之间的关系。斜面上下落的小球的运动可以看作一个冲淡了的自由落体运动，由于没有自由落体速度那么快，伽利略还可以测量时间。伽利略用不同倾角的斜面重复这个实验，发现不论倾角多大，小球的位移都和时间的平方成正比，都与匀加速直线运动的规律相符。伽利略利用实际实验的结果，通过思想实验把斜面倾角设想成 90°，这时小球的运动就是自由落体运动了。伽利略认为此时小球下落的位移和时间之间也满足同样的规律，也就是说自由下落也是匀加速直线运动。于是他得到了落体定律，若空气阻力可以忽略，那么所有自由落体的物体都在做匀加速直线运动，且物体下落的加速度与下落物体的重量和形状无关，也与构成它们的材料无关。伽利略的这个思想实验，不仅获得了落体定律，也开创了一种科学研究的方法，即思想实验和实际实验相结合的方法，这一方法在当时的科学发展中被普遍使用。

中学物理中都会提到伽利略的两个斜面实验，除了刚才我们介绍的研究落体的斜面实验以外，还有另一个斜面实验（见图 3.1）。在这个斜面实验里面有左右两个比较光滑的斜面，两个斜面放在一起，底端相连。在实验中，左边斜面倾角固定不动，右边斜面的倾角在实验中可以调整。实验时，把一个金属小球从左边斜面上某个固定高度的位置自由释放，如果斜面完全光滑，那么小球就会到达右边斜面的同一高度。当不断减小右边斜面的倾角的时候，从左边斜面同一高度下落的小球，仍会到达右边斜面相同的高度，但是随着斜面倾角变小，小球需要运动更远的距离才能达到同一个高度。伽利略思考，如果右边斜面的倾角为零，即把这个斜面完全放平，变成一个光滑的平面，那么小球将永远无法达到在左边斜面开始落下时的高度，这样小球就会永远运动下去。于是，伽利略得到了惯性定律，正确地指出维持运动不需要力，只有改变物体运动状态时才需要力。

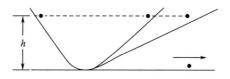

图 3.1 研究惯性运动的斜面实验

在倾角不断减小的斜面上，小球为了达到相同的高度，不得不运动得更远，当斜面彻底放平的时候，小球就会一直运动下去。

伽利略通过思想实验得到了落体定律和惯性定律。伽利略所运用的方法对科学起着关键的作用。这些方法包括：

一是设计实验：以检验特定的假设。

二是理想化：对现实世界条件进行理想化，以消除（至少在人的头脑中）任何可能掩盖主要效应的次要效应。

三是限制研究范围：一次只考虑一个问题。例如，伽利略把水平运动和竖直运动分开，一次只研究它们中的一个。

伽利略通过思想实验终于达到了不同于亚里士多德观点的深刻认识。这种认识是在一种极端理想化的情况下，即完全没有摩擦和空气阻力以及重力的影响下获得的。由于重力无所不在，以至于人们很少注意到它，但很难想象摆脱它的影响。笛卡尔是最早想象重力不存在并理解其后果的人。在亚里士多德的观点里根本没有重力，所有物体的下落都是本性使然。笛卡尔却认为，如果没有重力，我们在半空中松手放开一块石头，它就会悬在半空中保持不动。但是人们的直觉观念是如果要让物体保持某种运动状态（静止也是），它必须得到某种东西的帮助。所以惯性就被设计出来，用来解释没有外界帮助的物体保持运动的这个无法解释的事实。因此，没有重力时，石头为什么能悬在空中保持不动？因为石头具有惯性。轻轻拨动这个石头，在没有空气阻力的时候，它会沿直线保持速度不变永远运动下去，也是因为它具有惯性。

除落体定律、惯性定律以外，伽利略对于运动认识的另一个重大贡献是提出了相对性原理。在 1632 年出版的《关于托勒密和哥白尼两大世界体系的对话》（以下简称《对话》）中，伽利略曾以"表明所有用来反对地球运动的那些实验全然无效的一个实验"（这又是一个思想实验）为题，详细地叙述了封闭船舱内发生的现象。他写道："把你和一些朋友关在一条大船甲板下的主舱里，再让你们带几只苍蝇、蝴蝶和其他小飞虫，舱内放一只大水碗，其中放几条鱼，然后，挂上一个水瓶，让水一滴一滴地滴到下面的一个宽口罐里。船停着不动时，你留神观察：小虫都以等速向舱内各方向飞行；鱼向各个方向随便游动；水滴滴进下面的罐子中；你把任何东西扔给你的朋友时，只要距离相等，向这一方向不必比另一方向用更多的力；你双脚齐跳，无论向哪个方向跳过的距离都相等。在你仔细地观察这些事情后（虽然当船停止时，事情无疑一定是这样发生的），再使船以任何速度前进，只要运动是匀速的，也不忽左忽右地摆动，你将发现，所有上述现象丝毫没有变化，你也无法从其中任何一个现象来确定，船是在运动还是停着不动……"

伽利略所要表达的是当我们在船舱里时，对于运动的描述以船舱作为参照对象，无论这个参照对象是静止的，还是以某一速度匀速直线运动，我们对于运动的描述都是完全等价的，也就是我们不能用任何实验来确定一个系统是静止的，还是在做匀速直线运动。这就是"相对性原理"，是物理学的重要基石之一。不管是牛顿的经典物理学，还是爱因斯坦的相对论，都要用到"相对性原理"。

在我国汉代的《尚书纬·考灵曜》（以下简称《考灵曜》）中也有类似的一段话："地恒动不止，而人不知，譬如人在大舟中，闭牖而坐，舟行而人不觉也。"该书大约创作于东汉时代，现在虽已失传，但在许多中国古文献中皆有引用，其运动观点比伽利略在《对话》一书中对于运动相对性的描述要早大约 1700 年。《考灵曜》的这段话大意就是说大地永恒运动不止，但是人们并没有发现大地在运动，这就好像人坐在一个大船里面，船的窗户是关闭的，人无法看到船外的景象，人就无法察觉船是停在原地还是在行驶着。《考灵曜》中的这段话用现代物理学的语言描述就是在一个惯性系内（"闭牖"的大船）不能以任何力学实验来确定该系统是处在静止状态还是匀速直线运动状态（舟行而人不觉）。

伽利略在《对话》中以许多实验和文字想要说明的也是"舟行而人不觉"，不能以任何力学实验判断舟行还是静止，也不能以任何力学实验判断地球运动与否。伽利略本人并没有立即将自己的发现提到应有的科学地位。在伽利略之后三个世纪，人们才认识到伽利略提出的在封闭船舱中"舟行而人不觉"的重要意义，并将其理论称为伽利略相对性原理。二十世纪初，爱因斯坦把不能发现系统处于静止还是匀速直线运动的力学实验推广到光学和电动力学的实验，意即所有惯性参考系里的自然规律都是相同的，这就是爱因斯坦的相对性原理。后面我们会介绍，爱因斯坦把这一原理作为其狭义相对论的两个重要原理之一。

撇开伽利略《对话》叙述中大量对船内事物和运动的描述，《考灵曜》和伽利略的叙述几乎完全相同。当然我们也很容易想象到《考灵曜》一书的作者是观察到类似现象的，或者是从茶壶中倾泻入杯盏中的茶水，或者是从香炉中冉冉而上的白烟。因此，《考灵曜》的这段文字可以作为伽利略相对性原理的最古老的表述。

伽利略的落体定律、惯性定律和相对性原理，深刻地影响着科学的发展。从这些原理或定律的发现过程中，我们可以看出伽利略进行科学研究的特点：重视思想实验，抓住事物的本质；把自己熟悉的领域和实验研究透彻。伽利略正是利用自己熟悉的斜面实验，加以理想化，把斜面放平，得出惯性定律，把斜面竖起来又得到自由落体定律。

3.2　牛顿和牛顿物理学

3.2.1　牛顿其人

伽利略逝世那一年，艾萨克·牛顿出生在英国林肯郡的伍尔索普。牛顿的童年是不幸的，他是一个遗腹子，母亲改嫁后将他留给了祖父母。缺乏母爱的小牛顿性格孤僻，不爱与其他孩子一起玩耍，喜欢自己动手做一些小玩具。在他12岁时母亲送他到格兰萨姆公立学校读书，在这所学校里，他逐渐表现出对机械发明的极大兴趣。他造了一架水钟、一个风磨以及可由坐在里面的人驱动的车子和其他玩具。牛顿14岁那年，他的母亲再次成为寡妇。因家中农活忙不过来，母亲将牛顿叫回家帮忙，但牛顿干农活不在行。牛顿的舅舅看他帮不上什么忙，又觉得他聪明好学，心想这孩子将来读书也许会有发展，于是劝说牛顿的母亲让他继续上学。

1640年，英国爆发了资产阶级革命。在牛顿青少年时期，英国正处于资产阶级革命爆发后社会剧烈动荡的年代。革命后的英国，平民在一定程度上获得了受教育的权利。1660年，18岁的牛顿以减费生的身份进入剑桥大学三一学院念书。三一的意思是上帝、耶稣和圣灵的三位一体。三一学院历史上有许多著名的校友，除了牛顿，还有著名的哲学家弗朗西斯·培根、伯特兰·罗素、路德维奇·维特根斯坦、阿尔弗雷德·怀特海，诗人安德鲁·马维尔、拜伦，物理学家麦克斯韦，政治家尼赫鲁和拉吉夫·甘地（这两人后来都成了印度的总理），当然还有刚刚继任英国国王王位的查尔斯三世。牛顿那个时期的三一学院的课程大多比较陈旧。有一位叫亨利·卢卡斯的英国国会议员希望大学能够传授新知识，于是捐资设立了一个数学讲座的席位，规定老师只能讲授数学、物理学课程。第一任卢卡斯教授是英国著名数学家伊萨克·巴罗，此人是英国皇家学会会员，不仅数学水平突出，在天文、物理、光学方面也有很高的造诣，对牛顿产生过很大影响。牛顿大学期间读过的一些物理学著作中，有开普勒的《光学》、巴罗的《讲义》等。

1665 年至 1666 年间英国暴发了大规模瘟疫，据记载大约超过 8 万人死于这场瘟疫，约占当时伦敦人口的五分之一。1665 年 4 月，牛顿获得了剑桥大学的学士学位，同月开始暴发瘟疫，到夏天的时候，疫情肆虐达到了顶峰，伦敦及其周边地区都笼罩在死亡的阴影中，学校不得不停课。牛顿只好收拾行李，回到故乡伍尔索普。躲避瘟疫的这一年多时间里，牛顿大部分时间都在读书、思考、写作，这一时期也成为牛顿一生中创造力最旺盛的时期。他在数学、光学和力学领域都取得了重要突破。他一生的主要成果几乎都是在这段时间里做出的：他构造了"流数术"，就是数学中微积分的雏形；通过暗室中的三棱镜实验，发现太阳光被分解成了红、橙、黄、绿、蓝、靛、紫七种不同颜色，从而建立了光的色彩理论；因思考苹果落地，建立起万有引力定律，后来又用数学方法证明了这一定律以及力学三定律。这一年多的时间在历史上被称为"牛顿的丰收年"。这时的牛顿，才 24 岁。1666 年，伦敦瘟疫结束，1667 年剑桥大学复课。牛顿返回学校，他的出色工作备受巴罗的推崇。1669 年，巴罗辞去卢卡斯教授职位，举荐 27 岁的牛顿接替自己做了卢卡斯教授。

1665 年开始的伦敦瘟疫，让无数人生活在恐惧之中。作为刚毕业的学生，牛顿可能没有为抗击瘟疫做过什么直接的贡献，但他通过自己的出色工作，带给人类前所未有的理性。正是这种理性让人类在遇到灾难的时候，能够不迷信，能够沉着冷静、充满信心地寻求解决问题的科学方法。

牛顿总结了跨时代的研究成果，建立起经典物理学框架，成为历史上最伟大的物理学家。牛顿的主要研究成果集中在《自然哲学的数学原理》一书中，这本书可以看成经典物理学的《圣经》。牛顿在此书中建立了一个完备自洽的物理学体系。《自然哲学的数学原理》一书可以分为两部分：第一部分包括"定义、注释"和"运动基本定理和规律"，给出了质量、动量、惯性和力的定义，对绝对空间和绝对时间进行注释，还有著名的牛顿三定律及其推论。推论总共有六个：推论一、二讲力的合成、分解及运动的叠加；推论三、四讲动量守恒；推论五、六就是伽利略相对性原理。牛顿用推理的形式把伽利略、笛卡尔等人的发现与运动三定律联系起来，构成经典力学体系。《自然哲学的数学原理》的第二部分是第一部分概念和定律的应用，主要讲引力定律、介质对物体运动的阻力影响和行星的运动及潮汐之类的引力现象。

　　《自然哲学的数学原理》是科学的经典著作，标志着经典力学体系的建立。在《自然哲学的数学原理》中，牛顿创立的科学天文学摧毁了哥白尼学说的全部障碍。英国著名科学史家约翰·德斯蒙德·贝尔纳在其所著《历史上的科学》一书中这样评价牛顿的研究成果："标志着从哥白尼开端对亚里士多德的世界图像所做转变的最后阶段！"1987年英国为纪念《自然哲学的数学原理》一书问世三百周年发行了一套邮票，以纪念牛顿在科学发展中的重大贡献（见图3.2）。

图 3.2　英国为纪念《自然哲学的数学原理》一书问世
三百周年（1987年）而发行的一套邮票中的两枚
从图中可见牛顿最初论证万有引力定律和落体定律时采用的是几何学的方法。

3.2.2　牛顿的经典物理学

　　我们简要回顾一下在中学物理的学习中已经非常熟悉的牛顿运动三定律。

　　牛顿第一定律，即惯性定律，不受外界影响（也就是外力）作用的物体，若本来静止则将继续保持静止，若本来运动则将继续保持运动；在后一种情况下，物体以不变的速率沿一条直线运动。换句话说，一切物体都有惯性。上一节我们已经提到伽利略通过斜面实验得到了惯性定律，伽利略之前的笛卡尔也描述过，假如没有重力和摩擦力，原来运动的物体会保持运动而无需外界的帮助。牛顿把笛卡尔和伽利略的惯性定律当作他工作的基础，从根本上动摇了人们对物体怎样运动的直观观念。这种直观观念最先由亚里士多德阐述，认为物体的运动需要外界持续的作用。

牛顿也讨论了物体运动变化的原因，得到了另外两条运动定律。

牛顿第二定律，即通常所说的牛顿运动定律，一个物体的加速度（a）由其环境对它施加的合力（E）和它的质量（m）确定。加速度的方向与合力的方向相同。用一个公式来表示的话，就是$F=ma$。

牛顿第三定律，即通常所说的作用力与反作用力定律，每个力都是两个物体之间的相互作用。因此力一定是成对出现的：只要一个物体施力于第二个物体，第二个物体就会同时施力于第一个物体，而且这两个力大小相等，方向相反。

可以把"力"这个概念看成是牛顿运动定律的核心概念之一，由于牛顿经典物理学的深入人心，现在人们早已对这一概念有了正确的认识。中国古代对"力"概念最早的界定出现在《墨经》里，《墨经·经上》中说"力，刑之所以奋也"。"刑"通"形"，"奋"则原指鸟张大翅膀从田野飞起。近代方孝博认为，"奋"字含义为"具有加速度的运动"，如按方孝博的释义，显然《墨经》最早认识到了力是物体运动状态发生变化的原因，也就是物体获得加速度的原因。东汉王充《论衡》中说"古之多力者，身能负荷千钧，手能决角伸钩，使之自举，不能离地"，认识到物体的内力并不对它本身的位置和运动状态起任何作用，要使它改变位置或运动状态必须依靠外力。所以《论衡》中又说，"力重不能自称，须人乃举"。王充生活在公元一世纪，比牛顿早 1600 年左右，对力已有这样定性的认识，实属难能可贵。值得一提的是，王充《论衡》中有记载，"人有知学，则有力矣。文吏以理事为力，而儒生以学问为力"，"夫壮士力多者，扛鼎揭旗；儒生力多者，博达疏通。故博达疏通，儒生之力也；举重拔坚，壮士之力也"，将力分为知识之力和体力两类，可以说古人第一次认识到了"知识就是力量"。

牛顿的运动理论只需要用几个基本概念和原理，就能对行星、月亮、彗星、自由落体、重量、潮汐、桥梁应力等事物的行为给出清晰和定量的解释。牛顿运动定律是我们对大自然了解的前所未有的扩展和统一。牛顿的影响所及远远超出了物理学和天文学，不仅化学和生物学这样的科学领域，而且历史、艺术、经济学、政治学、神学和哲学等学科，也都按照牛顿物理学的普遍模式形成了自己的体系。牛顿经典物理学所构建的普适的规律与原理，逐渐发展形成了"牛顿文化"，普遍的自然法则平等地适用于一切人。

牛顿的物理学工作做得太好了。在两个多世纪时间内没有遇到过挑战，以至于被看成是绝对真理。在二十世纪，牛顿物理学已经被相对论和量子论所取代。不过，蕴含牛顿经典物理学的思维习惯还保留着，比如宿命论、因果关系、宇宙的机械属性等，究其原因是我们现有的科学教育还存在着缺陷，还没能跟上科学发展的步伐。

牛顿在科学领域做出了重大贡献，但不可避免地具有时代和阶级的局限性。牛顿是一个形而上学的机械唯物论者，在一些当时无法给出科学解释的问题上他又是一个有神论者。于是，上帝常常出现在他建立的科学体系里，牛顿宣称上帝"是非常精通力学和几何学的。"晚年的牛顿开始致力于神学的研究，他否定哲学的指导作用，虔诚地相信上帝，撰写了以神学为题材的著作。

1727 年，牛顿逝世，他被安葬在伦敦泰晤士河边的威斯敏斯特教堂，与英国历代君主和社会名人长眠一起。牛顿的墓碑上镌刻着这样一段文字："艾萨克·牛顿爵士安葬在这里。他那几乎神一般的思维力，最先说明了行星的运动和图像，彗星的轨道和大海的潮汐。他孜孜不倦地研究光线的各种不同的折射角、颜色所产生的种种性质，对于自然、考古和圣经，是一个勤勉、敏锐而忠实的诠释者。他在他的哲学中确认上帝的尊严，并在他的举止中表现了福音的淳朴。让人类欢呼，曾经存在过这样伟大的一束人类之光。"

思考题和习题

1. 根据亚里士多德的观点，为什么手拿一块石头在地面上方松开，石头会下落？牛顿物理学对此又是怎样解释的？

2. 说一个物体具有惯性是什么意思？

3. 给出一个与亚里士多德物理学中关于运动的观点相矛盾的例子，并解释它。

4. 下列哪个方法不属于伽利略科学分析方法？（　　　）

A. 全面考虑所有因素　　　　　　B. 限制研究范围

C. 理想化　　　　　　　　　　　D. 设计实验

5. 下列哪一项不是伽利略在运动学上的贡献？（　　　）

A. 光速不变原理　　　　　　　　B. 落体定律

C. 惯性定律　　　　　　　　　　D. 相对性原理

6. 《自然哲学的数学原理》一书被认为是经典物理学的《圣经》，其作者是（　　）。

A. 伽利略　　　　　　　　B. 牛顿

C. 欧几里得　　　　　　　D. 德谟克利特

7. 我国汉代的《尚书纬·考灵曜》中有一段话："地恒动不止，而人不知，譬如人在大舟中，闭牖而坐，舟行而人不觉也。"这句话可以看成描述的是什么物理学原理？（　　）

A. 相对性原理　　　　　　B. 惯性定律

C. 等效原理　　　　　　　D. 光速不变原理

8. 牛顿说自己站在巨人的肩膀上，除了伽利略以外，（　　）的观点也对牛顿物理学的产生有过帮助。

A. 笛卡尔　　　　　　　　B. 菲涅尔

C. 法拉第　　　　　　　　D. 拉普拉斯

4 万有引力

　　法国诗人瓦莱里曾经说过："当每个人都看到月亮不往下掉的时候，只有牛顿才看到月亮正在往下掉。"牛顿对于万有引力的认识是一种前人所未曾有过的方式。本章我们首先追寻牛顿的足迹认识万有引力定律，然后运用引力理论探讨恒星演化这一宏大的天文现象，最后简单剖析牛顿创立的经典物理学中蕴含的世界观。

4.1 认识万有引力

引力在我们周围无处不在，以至于我们难以察觉到它，这就使得科学家们难以对它形成适当的概念。从亚里士多德时代开始的很长时间内，人们都相信每个固体都有回归地球中心的自然倾向。就像口渴的人寻求水一样，这种现象是物体的一种本能，根本不需要外界影响，或者说不需要力，来解释为什么物体会下落。它们下落纯粹是因为它们想要这样。但是，惯性观点认为物体想要的是保持它们的速度。怎样解释物体想要下落的问题，最早的认识源于笛卡尔的新运动观，这是一个重要性不亚于哥白尼日心说的概念变革。

在推翻了托勒密体系和否定了古代的天球说以后，是什么原因使得行星在它们的轨道上运动？这个难题摆在了哲学家们的面前。笛卡尔在《哲学原理》一书中给出了这个问题的解答，这个解答被人们所接受。笛卡尔认为，所有的空间都充满了流体或者"以太"，它们的各个部分相互作用并产生圆运动。这样一来，这种流体形成了许多有不同大小、速度和密度的漩涡。在太阳周围有一个巨大的漩涡，它的回旋带动了地球和其他行星运动。较慢的并较少受到离心力作用的较密的物体被迫朝向太阳这个漩涡的中心。每个行星都处在产生通常的重力现象的另一个漩涡中心。更小的漩涡使物体的各部分之间产生内聚力。

在英国和欧洲的其他国家，各个大学都讲授过笛卡尔的这个理论，牛顿正是在这种信仰的基础上成长起来的。笛卡尔的这一漩涡说理论很难和托勒密体系或哥白尼体系相提并论，笛卡尔也没有试图把他的理论跟开普勒定律相调和。事实上，漩涡说没有令人满意地解释过一个天文学现象，也未能导致新真理的发现。但是，漩涡说提出的行星运动归结为力学的原因，使其具有重要的哲学意义，因为它试图根据力学而不是以泛灵论观念来解释宇宙。

牛顿就是在笛卡尔的观念的基础上建立起他的大厦的。牛顿22岁时在英国剑桥大学取得了学士学位。他受邀留校，但是由于瘟疫流行，校园关闭了一年半的时间，于是牛顿回到了乡下自家农场。在这一年半的时间里，牛顿创立了万有引力理论和光的理论的基础，并在剩余的时间发明了微积分。

有人说，伟人在一定程度上是时代的产物。牛顿生活在一个文化上已经为新的宇宙观做好准备的时代。哥白尼、第谷、开普勒、笛卡尔和伽利略等人已经奠定了科学基础。上一章，我们已经看到，由笛卡尔和伽利略的惯性观点可自然地导出牛顿运动定律。有关运动定律的概念与哥白尼和开普勒的天文学相结合，就引导牛顿发现了万有引力定律。正如牛顿自己所说，他站在"巨人的肩膀上"。

大家都听说过牛顿和苹果的故事，据说他在乡下避瘟疫的时候，偶然看到苹果落地，同时他又看到了天上的月亮，这促使他思考重力问题，并很快发现了万有引力定律。不过，这个故事令人怀疑，牛顿生前并没有和别人谈论过这个故事，牛顿一去世，它就出现了。最先传播这个故事的人，是法国著名文学家、启蒙思想家伏尔泰。当时伏尔泰因政治迫害流亡英国，正好碰上牛顿逝世。他目睹了数万名伦敦市民为牛顿送葬的壮观场面，他深受感动。随后，他拜访了牛顿的家属，据伏尔泰说，这个故事是牛顿的外甥女婿告诉他的。牛顿一辈子没有结婚，生活由他妹妹照料，后来又由他外甥女照料。牛顿与外甥女婿的谈话当然十分重要。这位外甥女婿告诉伏尔泰，牛顿生前曾对他讲过这件事，这个故事最早出现在伏尔泰于1738年出版的名著《牛顿的哲学》一书中。

不管故事的真实性怎样，苹果和月亮两者大致除了都是球体以外，很难想象还有比它们差异更大的东西了。一个在地上，另一个在天上；一个很快腐烂，另一个似乎是永恒的；一个掉在地上，另一个则高悬在天空。然而，就在所有人只看到差异的两个球体身上，牛顿却看到了相似性。

我们追寻牛顿的思路来发现万有引力定律。图4.1（a）表明一个落向地面的苹果，受地球引力的拖拉而加速。苹果的速度、加速度和引力的方向，都如图所示向下指向地心。月亮的运动则完全不同，它的速度的方向平行于地球表面而不是指向地心。但是我们感兴趣的是作用在它们之上的力，而按照惯性观点，力产生加速度而不是速度。因此，尽管两者速度不同，但作用于二者的力仍可能相似。

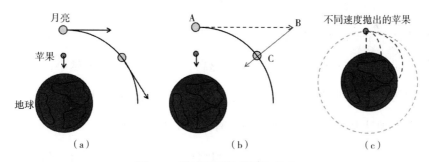

图4.1　地球表面的苹果和月亮

从上一章的分析我们可以知道，亚里士多德认为，月亮做圆周运动不需要力，因为这是它的自然运动。然而，惯性观点认为，为了使月亮偏离直线运动，必须有一个力作用于它。这个力在什么方向呢？

如图 4.1（b）所示，最初月亮在 A 点，如果没有力作用于它，按照惯性定律它会沿直线向 B 点运动，然而实际上它沿圆周运动到 C 点。由此可以看出，把月亮向内拉，从而使它到达 C 点而不是运动到 B 点，所需的力也指向地心，就像作用于苹果上的力一样。牛顿假设这个力与拉苹果向下的力的来源相同，都是地球的引力。因为作用于月亮的力是向内指向地心的，由牛顿运动定律可知，月亮的加速度也一定与受力的方向一致，指向地心。

牛顿还给出另一种分析方法，帮助理解为什么受同样的力，苹果掉下来了，月亮却没有掉下来。如图 4.1（c）所示，如果水平抛出一个苹果，它将沿一弯曲的路径落向地面。我们把苹果抛出得越快，它落地之前就会走得越远。如果你把它抛出得足够快，它将在绕过地球表面的大部分后才下落撞击地面。如果这个苹果恰好以某一个更高的速率抛出，以至于其路径的曲率恰好与地球的曲率一样，那么它的下落就是绕着地球兜圈子。换句话说，苹果进入了轨道。为此苹果所需要的速度大约是 8 千米每秒。任何沿轨道运动的卫星都是如此，只不过是卫星的高度越高，所需要的速率就越小，这是因为它们受到较小的引力牵拉，从而无需运动得那样快以免盘旋下降到地球上，比如月亮的速率只有大约 1 千米每秒。

所以，形成月亮绕地球运行轨道的力是引力，它与当年在牛顿家的农场把苹果拉向地面的重力是同样的力。能把苹果落地和月亮运动联系起来，真是一个富有想象力的思想飞跃。难以相信有什么力在拉月亮，更不用说这个力可能是拉苹果的同样的力了。最难以想象的还是这个引力居然能跨过大约 40 万公里的虚空起作用。两个物体直接接触时很容易想象它们相互有力的作用，但是跨越这样大的距离的作用力显得不可思议。

　　既然地球的引力把月亮保持在其轨道上，那就可以合理地假设所有天体的卫星，都是受到这些天体所施加的引力以保持在它们的轨道上的，比如木星的卫星是受到木星的引力以保持在它们的轨道上的。又因为行星也可以看成是太阳的卫星，所以牛顿对月亮的精辟见解也可以解决"为什么太阳系这样运行"这个古老问题。行星根据惯性定律保持向前运动，而太阳的引力则把它们的轨道弯成椭圆。按照作用力与反作用力定律，每个卫星也一定有反作用力拉着对其施加引力的天体。

　　自然而然人们就会思考，有什么理由说引力只作用在天体与其卫星之间呢？例如，说在地球与其他行星之间存在引力，这似乎也有道理。这种行星之间的力在牛顿时代还未被注意到，牛顿对此解释说这只是因为它比太阳作用于行星的力小得多的缘故。同样，任意两个天体之间，哪怕是两个最远的星体之间，也应该有引力。

　　接下来思考这些问题就顺理成章了：为什么引力的存在只限于天体呢？为什么地球上的物体之间没有引力的作用呢？比如说，你和你的电脑或者手机之间也有引力的作用，你对电脑或者手机施加一个引力，反过来也是一样的。平时我们没有注意这些力，不过是由于这些物体之间的力很小罢了。因此，牛顿推想引力是普遍存在的，宇宙中的每一对物体之间都存在引力作用。这是牛顿引力理论的中心思想。

　　前述牛顿对于万有引力的分析都是定性的，我们接下来看看定量的情况，对于万有引力定量形式的表达推动了卓有成效的解释和预言。定量地看，我们预期两个物体之间的引力随着每个物体质量的增大也一定增大，因为一个苹果的质量越大，它的重量也越大。另外，由于离得很远的物体相互吸引不强，因此引力应该随物体之间距离的加大而减小。牛顿把这些综合在一起，得出如下结论：

牛顿万有引力定律：任何两个物体之间都有一个吸引力，这个力的大小与这两个物体质量的乘积成正比，与两个物体之间的距离的平方成反比，可表示为：

引力 ∝ （第一个物体的质量）×（第二个物体的质量）/两个物体之间距离的平方

如果质量以千克为单位，距离以米为单位，引力以"牛顿"为单位，那么这个式子的比例系数为 6.7×10^{-11}。这个数被称为引力常量，在物理上常用符号 G 来表示。

由于引力极其微弱，大家可以看到引力常量非常小，对引力的测定也十分困难。而且，万有引力是"万有"的，任何物体之间都有引力的作用，并且不能屏蔽，在实验中排除周围物质所产生的引力影响也很困难。在牛顿《自然哲学的数学原理》发表一百多年之后，引力常量 G 的测定由剑桥大学的亨利·卡文迪什完成了。卡文迪什是一个怪人，非常腼腆，说话细声细气，回避与生人及女性讲话，但他的实验做得非常好，他用自己设计的扭秤，精确测定了引力常量的值。在卡文迪什之后，许多人做了更精密的实验，证实了他的结论。目前，万有引力常量是物理学中四个最重要的普适常量之一，也是其中最难精确测量的一个。另外三个普适常量分别是光在真空中的速度 c，普朗克常量 h 和电子电量 e。

万有引力定律可以用来计算从苹果到月亮任意一对物体之间的引力。例如，相距为 1 米的两个质量为 1 千克的物体之间的引力可以通过上面这个定量公式计算出来，答案是 $6.7×10^{-11}$ 牛顿！难怪普通物体之间的引力难以探测到了，测量如此微小的力所需的精密仪器直到牛顿之后大约一百年才制作出来，而这些实验证实了牛顿的预言！

牛顿发现万有引力定律大约 150 年后，人们发现天王星的实际轨道与万有引力理论算出的不符。英国的亚当斯和法国的勒维叶，这两个年轻的科学家，都怀疑这是由一颗未知行星的引力扰动所引起的。他们利用万有引力定律，各自独立地进行了非常复杂的计算，都得到了未知行星的轨道。天文学家按照两人提供的轨道位置去找，终于找到了这颗新行星，这就是海王星。海王星的发现，再次印证了万有引力定律的正确性。此外，牛顿还运用万有引力定律解释了涨潮落潮的自然现象；指出了月球绕地球的轨道因受其他行星的引力影响而偏离椭圆；说明了由于万有引力与行星自转产生的惯性离心力的综合作用，行星的形状应该偏离球形，呈扁球状。显然，牛顿万有引力定律的正确性毋庸置疑。

4.2　恒星的演化

牛顿关于引力的认知，和近代天文学相结合，可以帮助我们了解太阳系和行星的起源。这一节，我们就来简单介绍一下恒星的演化。

恒星在宇宙中的存在，有一个开端，也有一个终结。这个演化过程的驱动力就是引力。

恒星主要是由遍布宇宙的弥散的、稀薄的气体形成的，气体的主要成分是氢原子。在某些区域，这种物质碰巧聚集得稍微密集一些，形成巨大的气体云。这些气体云就是恒星的发源地，也是产生恒星的温床。图 4.2 所示是由哈勃空间望远镜所拍摄鹰状星云的一部分（这一部分又被称为"创生之柱"），这个星云是银河系中与我们邻近的恒星生成区域，大概距太阳系约 7 000 光年。图中左侧最高的柱状物从底到顶大约有 1 光年，这个距离是太阳系直径的 800 倍。图中这些怪异的、暗黑色的柱状结构是冷的星际氢气与尘埃柱。由于物质之间的吸引力，空间的所有气体和尘埃趋于集聚。

图 4.2　鹰状星云（部分）

如果气体云内偶然有一个地方物质集聚得特别稠密，这个地方就能成为一个引力中心，这个中心就会吸引更多的物质落入这个中心。聚集过程中物质之间的引力势能转化为热能，使原本很冷，温度大约为 -200℃ 的物质温度升高。如果聚集成星体的气体物质很多，多到总质量相当于太阳质量，约为 1.99×10^{33} 克，或者大于太阳质量，其中的引力势能转化成的大量热能可使星体内部温度升高到一千万摄氏度，从而引起星体中氢的聚变反应。这样一颗发光发热的恒星就诞生了。

　　这种物质下落聚集到一起的现象，叫作引力坍缩。我们通过太阳系的形成来仔细描述这一过程。图 4.3 是对于太阳系形成过程的模拟。图中心的亮点代表初生的太阳，尘埃部分地遮掩了太阳，彗星疾驰而过，一颗颗行星开始由尘埃形成。

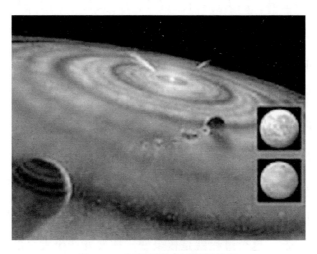

图 4.3　太阳系形成过程的模拟

　　太阳系和地球就是这样诞生的。大约 50 亿年前，太阳系只是宇宙中一团冷的气体和尘埃云，这团云比现在的太阳系大几千倍。随后云团内某一部分物质偶然集聚得比其他地方稠密。这个物质团块把周围的物质吸向自己，使自身团块的质量更大，这增大了它的拉力（引力），又使团块具有更大的质量。如此反复下去，这个自我加强的过程一直持续到原来的云团形成一个比太阳系更大的巨大气体球为止。这个气体球持续自动向内收缩，随着中心的质量变得更大，新的气体以越来越大的速率被拉向内部。气体球中心处的温度越来越高。

每团气体云都会进行自转，这不过是它的无序流动和涡动的效果。随着我们的气体云团的收缩，这个自转加强了，就像一个花样滑冰运动员把伸展的手臂收拢时会转得越来越快一样。由于持续地收缩，这一自转加快到足以使气体球的外缘区域变得扁平成为圆盘状。圆盘外围区域内的一些气体旋转得足够快，进入轨道，环绕更大的中央球旋转。因为这些物质在轨道上旋转，当团块的中心坍缩时，这部分物质就留在了轨道上。外缘区域一面继续做轨道运动，一面冷却、凝结、集聚成团，这些团块就变成地球及其他行星。随着变热的中心部分热到发光，向外涌流的光扫走了原来充满太阳系的尘埃和气体。于是，地球上就有了光。

中央球继续坍缩、变热，直到中心达到百万摄氏度的高温。在这样高的温度下，原子相互猛烈碰撞，以至于它们的电子被剥掉，留下了由氢的裸原子核和电子组成的气体。猛烈碰撞的氢原子核偶尔也粘在一起，这个过程就是核聚变。核聚变产生大量的热，而由热产生的压力（或者热排斥力）这时就阻止了气体球的进一步坍缩。随着太阳在50亿年前开始了核聚变，太阳就成为一颗正常的、自持的恒星。类似的恒星诞生过程在整个宇宙中始终不停地进行着。太阳一旦停止坍缩，就进入了中年期，从进入中年期至今已经持续近50亿年了。太阳在中年期这一时期长期稳定，使得在太阳系中的一个行星上的原子有可能通过集聚，演化成像我们这样的高度复杂的形式。

根据上面的分析，我们知道了，恒星的存在，一方面依赖于万有引力把物质聚集在一起，另一方面则靠热核反应产生的热量，造成粒子迅速运动，产生排斥效应，使物质不会只在引力的作用下不断收缩。正是万有引力的吸引作用与热排斥作用这对相互作用力的存在，保证了恒星的生存。

然而，太阳的氢必将因为聚变反应而枯竭，到时恒星就会逐渐"死亡"。对于太阳来说，氢的枯竭大约还将需要 50 亿年的时间。当恒星中心部分的氢全部燃烧掉之后，恒星中部的热核反应就停止了，这时万有引力会战胜热排斥，星体开始继续坍缩。

由于恒星表面的温度远低于中心部分，那里还不曾发生过氢聚变为氦的热核反应。这时，随着星体的坍缩，恒星外层的温度开始升高，那里的氢开始燃烧，这就导致恒星外壳的膨胀，使太阳变得更亮并膨胀到现在大小的 3 倍。这个巨大的能量输出将使地球上的海洋蒸发，也许还要引发一个失控的温室效应，使得地球的温度高于金星目前的 500℃。在随后的几亿年中，太阳将变得更亮而且变大 100 倍，使地球温度升高到大约 1 000℃，从而杀死任何残留的生命。

外壳的膨胀和中心部分的坍缩同时进行，中心部分在收缩中温度升高到 $1×10^9$℃，开始点燃一种新的热核反应，氦聚变为碳，再合成为氧。由于外壳离高温的中心越来越远，太阳表面的温度逐渐降低，从黄色变成红色。由于体积巨大，这种红色的巨星看起来很明亮，被称为红巨星。太阳会作为一个燃烧氦的恒星度过 1 亿年。在它的氦燃烧完之后，太阳将再次膨胀、变亮，并且将其外层喷出形成一个巨大的灼热发光气体的壳，这个壳将向外膨胀，吞没所有的行星，向外飘出太阳系，进入星际空间。在这之后 100 万年，太阳将完全耗尽其能源。

没有了热核反应，就没有热排斥可以跟引力相抗衡了，太阳将继续向内坍缩。支撑固态物质反抗地球上的外界压力的原子间的力实在是太微弱，完全承受不住恒星最后的坍缩中巨大的向内的引力。太阳会把自己挤压到远小于其现有的边界，远小于如果恒星是由普通固体物质构成的话它应该有的体积，把它的原子挤压到认不出其存在，直到只剩下一个由裸原子核和不属于任何原子的电子填塞的密实的固态球。到了这一步，坍缩将因电子之间的所谓电子交换力的作用而停止。

太阳烧完后留下的残骸是热的、固态的，与地球差不多大，只有它现在体积的百万分之一。它的内部会极其致密，每立方厘米中装有许多吨物质。太阳在其最后的坍缩中急剧变热，但是一旦坍缩终止就再没有热源了。这个明亮的残骸将短暂地发出耀眼的光，然后慢慢变暗，像一块正在熄灭的余烬，其周围依然有已被毁灭的地球和其他行星的残骸环绕它运行。

1862 年人们首次发现了类似太阳残骸这样的天体，天文学家当时认为自己的观测一定出错了，怎么可能是只有地球那么大的恒星！但是很快又发现了另外两颗这样的恒星，现在已经知道，在银河系中约有 4% 的星体是恒星，大约是 160 亿颗，属于这种类型，由于它们发白炽光，所以被称为白矮星。

恒星生命历程主要由自身质量大小决定。一颗星星只有当其质量至少为太阳的 10% 时，才能热到足够的程度以引发核聚变反应，变成一颗恒星。一切恒星都要经历一个类似于太阳现在状态的中年期。质量在 10 倍太阳质量以下的恒星经历的最后阶段和太阳类似，最终变为白矮星。比 10 倍太阳质量更大的恒星，由于它们的质量更大，使其收缩更强，从而其中心更热，继而引发多种核反应，最终把恒星的中央核心变成固态的铁。铁不断生成，直到内核的质量变得如此之大，以至于不能承受自身的重量。于是，这个固态的铁核突然坍缩，随着核心的坍缩，会把星体的其余部分炸得飞向太空，这就是一次超新星爆发。

我国古代称超新星为"客星"。公元 1054 年，我国宋朝时期曾记录到一次超新星爆发事件。当时人们发现，在东方的金牛座方向突然出现了一颗"客星"。该星呈现赤白色，且存在芒角，而且它的惊人之处在于它的亮度足以在没有月光的夜晚照亮书本，甚至在白天也清晰可见。《宋会要》记载："初，至和元年五月，晨出东方，守天关，昼见如太白，芒角四出，色赤白，凡见二十三日。"这一奇观足足持续了 23 个白天，夜晚则持续了一年零十个月，最终才暗淡消失！宋朝天文学家将此次所见的天体命名为"天关客星"。1731 年，一位英国的天文学家约翰·贝维斯在金牛座方向发现了一个暗淡的星云，称之为"蟹状星云"，之后人们对蟹状星云进行了持续观测和记录。1928 年，"现代天文学之父"埃德温·哈勃根据蟹状星云的膨胀速度反向推测，认为该星云应该诞生于大约 900 年以前的一次超新星爆发，这正好与我国宋朝时期记录的"天关客星"出现的时间和位置完全吻合，从而证明了蟹状星云就是当年"天关客星"所留下来的遗骸。

超新星爆发后，原来的恒星只有 10%~20% 会留存下来。在这个残骸中不能发生进一步的热核反应，在引力的作用下，恒星的残骸将继续坍缩。如果最初恒星质量是太阳质量的 10 倍到 30 倍，则它的坍缩非常剧烈，电子交换力不足以使其停止，唯一能使坍缩停下来的力是中子交换力，这是与电子交换力类似的一种量子效应。坍缩不仅把原子挤压得不复存在，而且也把电子挤压得迫使它与原子核内的质子合并而不复存在。这就把每个原子核变成一堆中子的集合，而使整个恒星变成一个类似于由中子组成的巨型原子核的天体，也就是中子星。

当一个恒星的质量是太阳质量的 30 倍以上时，中子交换力也不足以与引力相抗衡，恒星坍缩将持续下去，按照现行的理论，它将坍缩为一个点！它的物质，其原子和亚原子粒子，被挤压得不复存在。然而，这颗恒星仍保持它的质量，所以它保持着对其周围空间的引力影响，这个天体被称为黑洞。相对于恒星演化的其他产物，如白矮星和中子星，黑洞最为致密，它的引力大到在一定范围内光都跑不出去。

4.3 牛顿世界观

在牛顿经典物理学建立之前，中世纪基督教、古希腊的地心天文学和亚里士多德的物理学融合在一起，形成了人类对于意识和物质、思维与存在的问题的世界观。在中世纪欧洲的自然科学领域，大众文化与宗教和科学已经结合在一种信念中，即万物存在都有目的，而且宇宙存在的更远大的目的与人类是联系在一起的，人类体现了一切创造的目的。所以这一时期的世界观的核心是目的概念。在政治上，这一世界观与这一时期社会的等级结构非常协调，社会结构中有一个由上帝安排的国王，国王周围是一些占有土地的贵族，更外围则是众多在土地上劳作的农奴和农民。

在十六至十七世纪，天文学和物理学已经背离了地心天文学和亚里士多德的物理学。哥白尼把地球从宇宙的中心移开，开普勒用椭圆轨道代替了行星的自然的圆轨道，笛卡尔则宣称物体运动并不是因为它们有什么目的，而是因为没有什么东西使它们停下来。自然位置的上下层级、地球特殊的地位观念、人类的中心地位，以及宇宙中的目的性的科学基础等等，这一切在中世纪以后都被一扫而光。新科学已经把普遍的自然法则，而不是某个特定的人或宗教信仰，确立为人类行为的终极准则。宗教自由和政治自由的改革相伴而生，人们认为旧的等级制的文化应该被推翻。于是，宗教改革家马丁·路德开始向中世纪基督教传统挑战，政治改革家杰斐逊就得以起草独立宣言，抛弃了英王王权神授的观念，宣言中浸透着"天赋人权不可侵犯"的思想，这是人类平等的基础。

我们对宇宙的了解，对科学的认识，就这样在深层次上影响了我们的宗教、我们的社会秩序和我们的政治。新的日心天文学和牛顿物理学迎来了一种新的哲学和宗教观念，人类改变了对于意识与物质、思维与存在的关系问题的认识，这可称之为牛顿世界观。它是牛顿物理学的最重大的影响之一。即便牛顿的科学概念现在已经部分地被适用范围更大的别的理论所取代，但是基于牛顿物理学的世界观仍然保持着它对大众文化的影响。

牛顿经典物理学的基础是原子，按照牛顿的观点，宇宙本身就是这样一个原子的集合。与以往认为"上帝持续地、能动地存在于整个宇宙，不断地赋予万物目的"不同，牛顿认为上帝建立自然法则并使宇宙启动，然而一旦启动，整个宇宙就可以自行运转了。牛顿把宇宙运转设想成为与时钟的机制类似，其工作原理是自然法则，其零件是原子。而一旦钟表启动，就会按照它自己的工作原理走下去。这种观点又被称为机械宇宙观，或者力学宇宙观。

如同完美的钟表一定是可预测的一样，牛顿物理学的一个主要推论就是每个物理系统是完全可以预测的，一个简单、孤立而自成系统的原子集合，这些原子按照牛顿物理学运动着、相互作用着。只要能够确定一个特定时刻每个原子的精确位置和速度，那么根据牛顿的运动理论，就可以精确预言这个系统全部未来的行为，也能回溯其全部过去的行为。于是，对于全部由原子构成的宇宙来说，未来就完全由宇宙的全部原子现在的行为或任何一个时刻的行为决定。按照牛顿世界观，进入一个人头脑的每个想法或感觉，都可归结为这个人头脑里和别的地方的原子的运动，所以，一个人的思想、感觉和行动全都是预先决定的和可以预言的。牛顿的机械宇宙观，简单机械，缺乏自由意志。但是从十七世纪开始，牛顿物理学在每次挑战面前都站住了脚，这一理论如此精确，使得科学家开始把它作为终极和绝对的真理延续下来。牛顿物理学的巨大成功，使得人们在不知不觉中接受了类似时钟机构的宇宙观念。十九世纪英国著名物理学家、数学家威廉·汤姆逊就曾说过："只有在我对一样东西建立起一个力学模型之后，我才会对自己感到满意。如果我能够建立起一个力学模型，我就能够理解它。只要我还未能建立起力学模型，我就不能理解。"

科学从来不是绝对的，即使一个科学原理经过了反复证实，它仍有新问题等待检验。科学发展到今天，已经对牛顿物理学提出疑问，但牛顿世界观仍然影响深远。

1880 年前后开始有与牛顿物理学不可能调和的实验结果出现。人们逐渐发现牛顿物理学在四种极端情况下，即速率很高、引力很强、距离很大和距离很小，给出的预言并不正确。在二十世纪的最初 20 年中，物理学家们逐渐创立了三个新理论以说明这些分歧，这就是狭义相对论、广义相对论和量子物理学。

其一，牛顿运动定律和牛顿时空观在高速下失效。在速度比较低时，牛顿理论与实验之间的不一致不明显，但随着速度增加，误差变得越来越大。这个误差在汽车、飞机甚至速率大约为 10 千米每秒的人造地球卫星的运动上都难以发现，但是当速度达到光速的十分之一时，牛顿的预言大约差了 0.5%。相对于牛顿运动定律和时空观在高速下的失效，狭义相对论在低速和高速下都给出了正确的预言。在速率明显小于光速时，两个理论的预言没有什么差别。其二，牛顿万有引力定律、牛顿运动定律和牛顿时空观，对于受到很强的引力作用，以及在很大距离上的物体都是不正确的。例如，受太阳很强引力作用的水星轨道的进动，牛顿理论就无法给出合理解释，广义相对论却能够做出正确的预言。在引力不太强和距离不太大时，牛顿的经典理论和广义相对论做出的预言没有什么差别。其三，牛顿运动定律与其可预测性和因果关系的观点，在微观世界里是不正确的。量子物理学对从微观到宏观所有尺寸的物体都做出正确的预言。对于宏观物体运动描述，两个理论的预言没有什么差别。

　　牛顿物理学显然很好地适用于地球上的普通物体，但宇宙如此浩瀚，地球只是在由相对论和量子论占主导地位的宇宙中的一个极特殊的存在。牛顿的经典理论，包括对时间和空间的直观认识，在宇宙的大部分情况下都无法适用。所以，宇宙并不是牛顿式的。

思考题和习题

　　1. 试比较地球对地面上一块木头和质量相同的一块铁块的引力大小，并分析原因。

　　2. 地球最终会坍缩成黑洞吗？太阳会坍缩成黑洞吗？为什么？

　　3. 下列不可能是恒星演化最终结果的是（　　）。

A. 红巨星　　　　　　　　　　B. 白矮星

C. 中子星   D. 黑洞

4. 英国的亚当斯和法国的（　　）几乎同时计算出了海王星的轨道。

A. 勒维叶   B. 贝尔纳

C. 威尔逊   D. 卡文迪什

5. 1738 年出版的名著《牛顿的哲学》一书的作者是（　　）。

A. 伏尔泰   B. 托尔斯泰

C. 陀思妥耶夫斯基   D. 伏尔加

6. 处在中年时期的太阳内部的主要反应是（　　）。

A. 裂变反应   B. 分解反应

C. 聚变反应   D. 化合反应

7. 中世纪基督教、古希腊的地心天文学和（　　）结合在一起形成了牛顿前世界观。

A. 亚里士多德物理学   B. 伽利略运动观

C. 笛卡尔哲学观   D. 德谟克利特原子论

8. 在微观粒子运动领域，牛顿物理学被（　　）所取代。

A. 量子物理学   B. 狭义相对论

C. 广义相对论   D. 气体动理论

9. 牛顿宇宙观又被称为（　　）。

A. 机械宇宙观   B. 引力宇宙观

C. 日心宇宙观   D. 普遍宇宙观

10. 下列物质结构理论中被认为是牛顿物理学基础的是（　　）。

A. 原子论   B. 量子论

C. 光子论   D. 元素论

5 能 与 熵

　　2020年中国国际科学技术合作奖获得者、美国哈佛大学教授、环境政策问题研究专家、曾任美国白宫科技政策办公室主任及美国国家科学与技术委员会主席的约翰·霍尔德伦曾经这样评说："能量是环境问题中最困难的部分，而环境也是能量问题中最困难的部分。增长和支持经济繁荣的挑战的核心是，以支付得起的代价限制增加能量供给对环境的影响。"本章我们将讨论与能量有关的问题，能量是什么，以及能量所遵从的规律。牛顿的经典理论有着一定的适用范围，超出这个范围，牛顿运动定律做出的预言就与事实不符了。但是能量的原理却适用于一切现象。从亚原子粒子"夸克"到迄今观察到的宇宙，在物理学研究的各个尺度，能量所遵从的原理都是适用的。

5.1　能量是什么

　　能量是物理学中最重要的概念之一，而且能量与我们的生活也息息相关。事实上，我们可以通过人类利用能量的情况来界定人类的文化。文明本身与对太阳能的有组织的利用差不多是同义的。人类历史已经有大约六百万年了，随着时代的变化，每个人的日能耗量也不断发生变化。石器时代文明和现代文明的种种差别都与组织能量不同的做功方式有关。最早的人类只用自身肌肉消耗的能量，这种能量通过食物的氧化而获得。人类首批定居的村落是由于交易和农业的需要形成于一万年前。这时人类开始利用牲畜做功，促使人类文明进入农业时代，同时牲畜和火的使用使每个人的日能耗量不断增加。许多世纪以来，太阳能促进了贸易。因为太阳能激发了风，而风推动了商船、战舰、探险船只的航行。农业则依靠有组织地利用太阳能种植食物。经过化学变化的古代生物残骸也就是煤、石油、天然气，这些化石燃料的使用，促使人类社会自十八世纪中叶起就进入了工业时代。到了当今社会，随着在运输和供电行业化石燃料使用量的激增，不断推升个人的平均日能耗量。

　　英国的詹姆斯·瓦特对蒸汽机的改革，大大提高了能量利用的效率，使得以煤为燃料的蒸汽机在工业上得到广泛应用，开辟了人类利用能源的新时代，也激发了开始于十八世纪中叶的产业革命。火车头和轮船被装上了蒸汽机，机器代替了人力、畜力，轮船代替了帆船，促进了铁路和航运的发展。生产力的发展进一步推进了生产关系的变革。十八世纪末北美爆发了独立战争，革命风暴又反过来冲击欧洲大陆。

产业革命的爆发，对经济和社会都产生了深远的影响。传统家庭式小作坊逐步发展成为大型集中设置的工厂。传统的手艺人的技艺学习需要很长时间的学徒期，但是即便是不熟练的工人和儿童都能够照看新出现的机器。因此，十九世纪的欧洲和北美以增长的产量、资本主义的工业组织方式和人口从农村到城市的迁移为时代标志。二十世纪的政治意识形态则被打上了产业革命的经济学烙印。而今产业革命遍及整个世界，并随着科技的发展，扩展到像计算机这样的新兴产业。新产业激励了十九世纪的科学家去了解关于能量所遵从的规律——后来我们所熟知的能量守恒与热力学第二定律。在这一时期，人类有目的地思考能量使用，促使热学、化学、电磁学都取得了长足的发展。我们先来认识什么是能量。

从常识上来说，我们说一个物体或者一个人具有"能量"，通常是指它具有使其环境或自身发生变化的内在本领。物理上对于能量的定义，是对这一观念的提炼。只要一个系统有做功的本领，我们就说这个系统具有"能量"。这里的"功"指的是造成外部或内部的变化。因此，只要你推或拉一个物体使它移动一段距离，你就做了功。所以，功总是一个特定物体对另一个特定物体做的，而且为了做功，既需要力，也需要运动。

简单的分析就可以得到，功应该既正比于力，又正比于距离。也就是说功=力×距离。我们来做一个简单的实验，这个实验只有两步。第一步，把我们手边的某一个物体放在手上，从地面慢慢向上举到某个高度，保持几秒钟，然后慢慢下降返回到地面。第二步，重复同样的上举过程到同一高度，但这次突然撤掉手使物体落到地板上（小心，不要用易碎的物体来做这个实验）。当我们举起物体的时候，我们对这个物体做了功。但在下降回到地板的过程中，物体对我们做功，因为在整个下降的过程中，物体都在向下推我们的手，我们可以说，举高的物体具有做功的本领，当它下降时，它实际上就是在做这个功。而在我们实验的第二步，物体再次被举起，在举高的位置上它再次具有做功的本领，这次我们撤掉手，物体则不对我们的手做功。随着这个物体下落，它逐渐失去了高度，但是获得了速率，而过程中功并没有做出去。所以说，有速率的物体也具有做功的本领，或者说运动的物体也具有做功的本领。

物理学上用一个术语表示物体做功的本领，这就是能量。如前所述，举高的物体和运动的物体都具有做功的本领，也就是说都具有能量。但是这些物体具有能量的形式是不一样的，区分它们是有好处的。我们把举高的物体具有的能量称为引力能，这种能量是由地球对物体的引力产生的；运动物体具有动能，这种能量来自运动。除此之外，还有一些其他形式的能量。

定量地说，我们把物体的能量大小定义为它能做功的大小。这样我们就可以对能量进行定量的考察了。显然，任何被举高的物体具有的引力能应该为引力能＝重量×高度。

从牛顿定律出发，也可以推导出，运动物体具有的动能应该为动能＝（1/2）×物体的质量×物体速率的平方。

显然，物体的质量越大，其动能越大；物体运动速度越快，其动能也越大，这和我们直观的想象一样。和引力能不同的是，动能与物体的质量相关，而不是与物体的重量相关。这很容易理解，引力能是由于地球对物体的引力所具有的，所以应该跟物体的重量相关，但是即便没有引力作用，运动的物体也具有动能，所以动能的式子中是质量，而不是重量。

现在我们可以对能量进行一个严格的定义了。任何系统若是具有做功的本领，就说它具有能量。系统的能量在数值上等于它能做的功。一个系统做功，因而它具有能量。做功是一个过程，能量是系统的一个属性。一个系统的能量是该系统能做的功的数值，不论它实际上是否做了功。

因为有多种做功的方式，所以有多种能量形式。我们介绍几种常见的能量形式。动能，是由运动引起的能量，它就是一个运动的物体在逐渐停下来的过程中能做的功。引力能，是由引力产生的能量，它就是一个被抬高的系统被地球慢慢拉回其初始位置的过程中所能做的功，或者是两个以引力相互作用的物体慢慢靠近过程中所能做的功。弹性能，是来自变形系统弹回原样的本领的能量，比如拉伸的橡皮筋，松开手它又能弹回原样。这个能量就是物体弹回原样过程中所能做的功。电磁能，是由电磁力产生的能量，又称为电能，或者磁能。辐射能，是电磁辐射所具有的能量。化学能，是来自一个系统的分子结构的能量。核能，来自原子核的结构，或者说来自质子和中子在原子核内的配置方式。还有热能。据说瓦特是看见茶壶里沸腾的水使壶盖不断跳动，所以才能改良蒸汽机。不管这个传说是否属实，但至少我们知道沸腾的水可以做功，应该具有能量。显然随着这同样的水的温度降低，其所具有的做功的本领就越来越小了，也就是一壶热水，比同样大小的一壶冷水具有更多的能量。我们把这种与温度相关的能量叫作热能。把一只手放在一个温暖的物体上，另一只手放在一个较凉的物体上，从微观上来看，我们感受到的并不是暖和凉，而是体验分子运动的快与慢。所谓的冷暖，只不过是微观粒子的运动快慢而已（本书第 2 章"原子论"中已有阐述）。在某种意义上，冷暖的概念已消失，这可以归结为最根本的微观粒子的运动。正如德谟克利特曾经说的，"热是从俗约定的，冷是从俗约定的，……人们假定感觉的对象是真实的——但实际上并非如此。只有原子和空间才是真实的"。

我们简要介绍一下人类对热能认识的变化过程。1772 年，被称为"现代化学之父"的法国著名化学家拉瓦锡用实验推翻热的"燃素说"后认为热是一种叫作"热质"的物质。拉瓦锡认为，"热质"是一种无质量的气体，物体吸收"热质"后温度会升高，温度高的物体"热质"多，温度低的物体"热质"少。"热质"会由温度高的物体流到温度低的物体，也可以穿过固体或液体的孔隙。在法国大革命时期，曾在波旁王朝任职征税官的拉瓦锡被革命政府逮捕并处死。法国著名数学家、物理学家约瑟夫·拉格朗日曾经悲痛地说："砍下拉瓦锡的头只需一瞬间，但法国再过 100 年也难以长出这样的头。"拉瓦锡的妻子是拉瓦锡担任征税官时同事的女儿，她通晓多种语言，多才多艺，替拉瓦锡翻译英文文献，为他的书籍绘制插图，协助他保存实验记录，进行科学研究。法国著名画家雅克·路易·大卫曾创作过《马拉之死》《拿破仑一世加冕大典》《跨越阿尔卑斯山圣伯纳隘道的拿破仑》等名画，1788 年的时候应拉瓦锡夫人邀请绘制了油画《拉瓦锡夫妇肖像》（见图 5.1）。

拉瓦锡死后，他的妻子改嫁英国科学家本杰明·汤普森（又名伦福德）。伦福德主要从事热学、光学、热辐射方面的研究，曾在德国担任陆军部长。他在研制大炮的过程中发现，用钻头加工炮筒时，炮筒在短时间内会变得非常热。为了弄清热的来源，他精心设计了

图 5.1　法国著名画家雅克·路易·大卫创作的《拉瓦锡夫妇肖像》油画

实验以保证在绝热条件下进行钻孔实验，发现只要钻孔不停，就会不断产生热。即便钻头没有钻开炮筒，同样会产生热。按照热质说，这种情况不应该有热质流出。于是伦福德认为，热不可能是一种物质，只能认为热是一种运动（能量）。伦福德否定了热质说，确立了热的运动学说。伦福德之后英国化学家汉弗里·戴维也用冰块的摩擦实验论证了热的运动学说。伦福德、戴维等人的研究为热的分子运动论学说开辟了道路。

　　物理学发展历程上对于热能的认识，最初使人感到困惑，因为它不能很方便地纳入牛顿物理学的力学框架，而且与其他形式的能量有着根本的不同。从伦福德开始，直到十九世纪中期，迈尔、焦耳、亥姆霍兹等确立了能量的转化与守恒定律，最终证明了热也是能量的一种形式，热和其他形式能量是可以转化的。下一节我们将来看看能量在转化中所遵从的定律，又称为热力学第一定律，即能量转化与守恒定律。

5.2 能量转化与守恒定律

在上一节的讨论中，如果不考虑空气阻力，只观察被举高的物体落在地面上之前的过程，那么在物体下落的任何一段距离上，其失去的引力能刚好等于它所获得的动能。物体的总能量在整个下落过程中是守恒的。牛顿经典物理学预言了这一点，而且实验证实了它。事实上，仍然从牛顿运动定律出发，还可以证明，任何只受引力作用的系统总能量守恒。虽然这个原理是从牛顿经典物理学中推导出来的，但其适用范围远远超出了牛顿经典物理学的范围。在迄今观察过的每个物理过程中能量都守恒。

我们把分析结果进行总结得到能量守恒定律：任何过程中全部参与者的总能量在此过程中始终保持不变。也就是说，能量不能被创造或消灭。能量可以转化，从一种形式变成另一种形式；能量也可以传输，从一个地方传送到另一个地方，然而能量总量永远相同。

这个规律属于物理学中最可靠的普遍规律之一。它在观察过的每种情况下都是正确的。即便在牛顿经典物理学完全失效的场合，例如在黑洞附近（引力非常强）、速度接近光速（速率非常大）和对于亚原子粒子（距离很小），当牛顿经典物理学在这些领域让位于广义相对论、狭义相对论和量子物理学时，能量守恒定律都是成立的。

物理学家还发现了几个物理量也是守恒的。在每个物理过程中，参与者的以下每一属性始终都是守恒的：

——总的做功的本领，即总能量；

——总的穿越空间的平动，即总动量；

——总的旋转运动，即总角动量；

——总电荷量；

——与微观相互作用相联系的某些亚原子性质。

一切守恒都对应着自然界中的一种对称性。能量守恒就是说不论我们在什么时候看，系统的能量相同，所以能量守恒对应时间的平移对称性。

还可以换一种方式表达能量守恒定律。做功总是某个系统对另外某个系统做的。做功的系统必定失去若干做功的本领；换句话说，它必定失去能量。由于总能量守恒，这个能量不会消失，一定会进入接受功的系统。因此，功是从做功的系统到接受功的系统的能量传递。

功能原理：功是能量的传递。功减少了做功的系统的能量，增加了接受功的系统的能量。这两个能量变化的大小都等于所做的功。

每个事件的发生都可以伴随着能量的转化。前面在我们设计的物体掉落在地面的实验中，我们已经研究了物体撞到地面之前的这个过程，如果不考虑空气阻力，这个过程中物体失去的引力能都转化为动能了。那么，当物体撞击地面之后能量到哪里去了呢？依据能量守恒定律，能量不会消失。对照我们上一节分析的能量的不同形式，只有一个可能的候选者，那就是热能。所以，物体掉落在地面上，一定会让物体或者地面变热。虽然很难通过实验测出升高的温度，但我们可以换一个实验，在木板上放一个钉子，用锤子把钉子敲进木板。在敲之前和之后摸一下钉子，多敲几下，你就会发现钉子变热了。

我们可以把这个能量转化过程概括为：引力能（物体在高处）→

动能（物体在落地撞击之前）→热能（撞击后）。

根据前述做功实验，如果我们把空气阻力考虑进去，因为空气阻力会使书的下落变慢，所以与没有空气阻力相比，落下的书的动能要少一些，但这份能量并没有丢失。因为能量是守恒的，所以减少的动能一定转化为别的能量了。显然仔细分析，它一定是转化为热能了。随着书的落下，空气和书应该都会变热一些。

在焦耳等人 1850 年前后的工作之前，科学家长期认为克服空气阻力和摩擦力的功，即产生热的功丢失了。因此，人们相信能量在大多数系统中趋向于减少，而不是守恒。最终发现能量守恒原理的关键，是发现了物质变热实际上代表能量以还不确定的一种能量形式在增加，这种能量形式就是热能。

能量守恒定律又称为热力学第一定律，其发现者有三位：迈尔、焦耳和亥姆霍兹。尤利乌斯·罗伯特·迈尔是一位德国医生，曾作为随船医生远航爪哇等地。他注意到生活在热带地区的人和生活在温带地区的人血液颜色不同，从而对热能产生了兴趣，转而研究物理问题。他提出了能量不灭和转换定律，并粗略地给出了热功当量。他撰写了一篇题为《论热的量和质的测定》的论文，先是投给了一家物理杂志。虽然该论文陈述的内容思辨性较强，但缺乏严密的科学论证，因而没有能够在这家杂志上发表。最后他只好求助于在一家医学杂志编辑部工作的朋友，把论文登在了医学杂志上。但这篇论文并没有引起科学界的注意。迈尔的聪明才智因为世俗的偏见而不为世人所理解。后来，迈尔的不幸接踵而至，他的两个孩子夭折，弟弟因革命活动而被捕入狱。在极度的精神压力下，迈尔跳楼自杀未遂，但摔断了双腿，后来他又被送入哥廷根的精神病院治疗，备受折磨。唯一令人欣慰的是，迈尔后来逐渐恢复了健康，晚年的他终于看到了自己的研究成果被人承认，并得到了应有的荣誉。

英国物理学家詹姆斯·普雷斯科特·焦耳的科学研究之路也充满了坎坷。焦耳是英国一个啤酒厂主的儿子。虽然他后来继承父亲的事业经营啤酒厂，但他从小就对物理学极感兴趣，长大后依然如此，坚持在业余时间从事物理学研究。青年时期，焦耳认识了著名的化学家道尔顿，学习了数学、哲学和化学方面的知识。这些知识为焦耳后来的研究奠定了理论基础。道尔顿还传授了焦耳理论与实践结合的科研方法。这激发了焦耳对化学和物理的研究兴趣。他在道尔顿的鼓励下决心从事科学研究。焦耳发现了电热转换的规律（现在被称为"焦耳定律"），指出电流产生的热量与电阻成正比，与电流强度的平方成正比。他比较精确地测定了热功当量。但是由于焦耳并非职业物理学家，只是一个业余的物理爱好者，皇家学会拒绝发表他的论文。所以，焦耳的论文不得不发表在报纸上。他在科学讨论会上只被允许做简短的口头报告。当时焦耳所使用的术语不太准确，语言表达也比较混乱，幸亏在场的青年科学家威廉·汤姆逊即席评价了他的工作，才使与会者注意到焦耳的重大发现。

焦耳设计了一个实验，他将一个桨轮放在一盆水中，并用桨轮搅动水，并测量水中的温升。他让一个系在绳上的重物下落以转动桨轮，从而使实验定量化。重物损失的能量等于其重量与落下距离之积。焦耳发现水温的升高值与损失的引力能精确地成正比。这表明损失的引力能直接引起了温度升高，也就是转化为热能。能量概念在焦耳时代是比较模糊的，因为当时科学家还不了解热是一种能量形式。焦耳通过证明功按精确的定量关系转化为热能而澄清了这个问题。这一突破把能量原理扩展到包含热能的过程，而热能是能量的微观形式，已超出了牛顿经典物理学的范畴。焦耳发现大约4 200焦耳（能量单位，以纪念这位伟大的科学家）的一定数量的功总是使 1 千克的水的温度升高 1 摄氏度。这个数量的热能就是营养学家所称的卡路里，或者大卡。虽然大卡常用来度量热能，但焦耳的工作表明，它实际上也是一个能量单位，1 大卡就是 4 200 焦耳。

焦耳之后，德国物理学家赫尔曼·冯·亥姆霍兹全面精确地阐述了热力学第一定律。第一定律最初是针对"永动机的设计"而提出的。过去有不少人试图制造永动机——一种不需要能源就可以永远工作下去的机器。然而无数的努力都证明失败了。亥姆霍兹认为永动机是不可能实现的，他把自己的观点加以整理，撰写完成《活力的守恒》一文。和迈尔的遭遇一样，他的论文被退了回来。后来在柏林物理学会的一次讲演中，亥姆霍兹报告了这篇论文，他全面阐述了能量转化和守恒定律，认为自然界的能量只能从一种形式转化为另一种形式，但总能量是守恒的。能量不能无中生有，他明确指出不可能制造出违背这一定律的永动机。亥姆霍兹在科学上的贡献是多方面的，除了是一位杰出的物理学家，他还是一位生理学家、数学家和发明家。但由于受牛顿经典物理学和康德哲学的影响，亥姆霍兹是一位机械唯物论者，他企图把一切运动归结为力学。在他关于能量守恒的阐述中，能量就被称为"活力"。

回到刚才落下的物体，在它即将撞向地面之前，全部能量已转化成物体的动能和空气与物体的热能。由于空气阻力对运动只有很小的影响，因此热能一定只占总能量的很小份额。下落过程最后，撞击使动能转化成地面、物体和空气的热能。

　　为了让所有各种能量转化过程形象化，我们可以使用能流图来表示能量的转化。例如，如图 5.2（a）所示落下的物体的能量转化表示形式，开始是引力能，然后转化成动能和热能，最后动能也转化为热能。现在我们在桌面上推一个物体，比如一本书，让它在桌面上滑动一段距离再停下来。大家可以思考这一过程的能量流动，或者能量转化是怎么样的。

　　如图 5.2（b）所示，最初这个能量来自我们的身体，是化学能。用来推动这本书的初始化学能的大部分能量转化为我们身体内的热能。传递给书的能量只是其中一小部分，这一小部分让书具有一个速度，那就是书具有的动能，最终书在滑行一段距离后停止，动能完全转化为热能。系统能流图如图 5.2 所示。

（a）受空气阻力的落体运动的能流　　（b）在桌面上快速推动物体的能流

图 5.2　受空气阻力的落体运动和在桌面上快速推动物体的能流图

　　从上面两个例子的能流图，我们可以发现各种形式的能量最终都转化为热能了。这是一种非常有意义的能量转化的趋势，下一节我们继续讨论这一趋势。

5.3　热力学第二定律

　　人类在认识能量的过程中，一项重大的突破就是发现"热"是能量形式的一种。或者说，与其他形式的能量一样，热能可以做功，做功也能产生热能。因此，在涉及热能的过程中，能量守恒定律也是成立的。由于热能在认识能量规律的过程中起着重要的作用，因此，人们就把研究能量的学科叫作热力学。而能量守恒定律就又被称为热力学第一定律了。人们迄今还没有发现违反热力学定律的事例，热力学定律属于最普遍的科学规律。在上一节我们提到，许多过程中的能量最终都转化成为热能。仔细观察图 5.2 就可以看出能量在转化过程中具有某种趋势，趋势指向的能量形式就是热能。这种趋势也是能量的一个普遍特性，即热力学第二定律。

虽然热力学第二定律与我们的生活息息相关，但可能知晓的人并不多。英国科学家、小说家查尔斯·珀西·斯诺曾经说过，"我曾多次出席一些……被认为受过良好教育的人的集会，这些人一直夸夸其谈地表示，他们难以相信科学家如此缺乏文化素养。有一两次我被惹火了，就问他们当中有多少人能够叙述热力学第二定律？回答是一片冷寂：也是否定的。然而，我问的问题实际上大致是'你们读过莎士比亚的书吗？'这个问题在科学领域内的翻版"。

生活中人们经常接触凉或热的物品，那么从能量的角度看，互相接触的时候发生了什么呢？比如手拿一块冰，手变凉了，冰块会融化，因此，热能必定从手传到冰块上。冬天手里拿着刚出炉的烤红薯，烤红薯会慢慢变凉，但手感觉暖和了。所以，这时就有热量从红薯传递到我们的手上。这两种情况下，热能都是从高温物体传到低温物体。在这里有一个关于热传递的普遍的原理在起作用，也就是热能可以自发地从高温物体（热的区域）传到低温物体（冷的区域）。热能从较高的温度传到较低的温度的过程叫作热传递。可能会有人问，在夏天房间开着空调，就可以把房内的热能传递到房外去，而房外的温度要高于房间内的温度。这就相当于热能从低温区域传递到了高温区域，这是否违反刚才所说的热传递的普遍原理？注意刚才陈述中严谨地使用了"自发地"这个条件，也就是说不需要外界的帮助。但是在夏天当我们实现从低温的房间到高温的室外的这种逆行的热传递的时候，必须借助空调的帮助才能实现。显然这种传递并不是"自发地"完成的。

这个原理其实给出了热传递的单向特性。热能会自发地从较高的温度传到较低的温度，但不会从较低的温度传到较高的温度。像许多简单的概念一样，热传递的这种单向性具有意义深远的推论。它是热力学第二定律的一种表述方式。热力学第二定律（热传递定律）：热能自发地从较高的温度传到较低的温度，但不会从较低的温度传到较高的温度。

图 5.2 所示的两个能量流动的实验都给出了其他形式能量最终转化为热能的例子，看起来产生热能是很容易的，几乎是不可避免的。那么，有什么过程或者设备会将热能转化为别的形式的能量呢？汽车发动机是一个例子。它在有规律的循环往复中运转，用燃烧汽油所得的热能做功。另一个例子是蒸汽发电机，它也是循环往复地运转，用热蒸汽做功。这种用热能做功的循环装置叫热机。汽车发动机的一个重要特性是，除了做功之外，它还放出大量热能，会通过散热器和排气管放出未使用的热能。因此，并不是发动机中产生的热能全部用来做功。人们发现，对一切热机都是这样。一部热机排出的热能叫作该热机的损耗（或废热）。因此，任何热机的能量转化过程都是：热能（输入）→功+热能（损耗）。

我们也可以用能流图（见图 5.3）来表示。

因此，我们可以发现，其他形式的能量在转化为热能的时候是

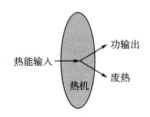

图 5.3　热机中的能流关系图

全部转化的，但是热能在转化为其他形式的能量或者热能做功的时候，不能全部使用热能，总得损耗掉一部分。这是自然界的一条基本原理，但并不是一条新原理。这个原理其实体现了热能转化的单向性，而刚刚也提到了热传递的单向性。科学家们发现，这两个单向性其实是在说明同一个基本原理，都是热力学第二定律。只不过在表述热能做功，或者热能和其他形式的能量转化的时候，我们需要用新的话语来表述。我们把其称为热机定律。

　　热力学第二定律（热机定律）：用热能做功的任何循环过程必定也有热能损耗。也就是说，热机用热能做功的效率永远小于 100%。

　　对于热机定律我们无法给出直接的证明，但是可以通过一个想象的思想实验来论证。思想实验在前面我们已经多次提及了，这是科学中经常使用的一种论证方法。我们假定有一部热机能够违反热机定律将热能全部转化为功。于是我们就可以利用这部热机从一个系统中提取热能并将其全部转化为功。然后这些功可以在一个温度较高的系统处产生热能，比如通过摩擦一块金属使其发热。这样就可以将全部热能从较低的温度输送到较高的温度，而不发生任何其他改变。但这个结论正是热传递定律告诉我们无法实现的。换句话说，任何违反热机定律的过程一定违反热传递定律。但是从实验可知，热传递定律是不会被违反的，所以，热机定律也不会被违反。

　　热力学第二定律的这两种表述中，热机定律又称为开尔文表述，热传递定律又称为克劳修斯表述。英国物理学家威廉·汤姆逊因主持装设了第一条大西洋海底电缆而被封为开尔文勋爵，所以他也被称为开尔文。1851 年，开尔文提出热力学第二定律，不可能从单一热源吸热使之完全变为有用功而不产生其他影响，也就是热机定律的热能做功的效率永远小于 100%，从理论上否定了存在第二类永动机的可能。1850 年，德国物理学家和数学家鲁道夫·尤利乌斯·埃马努埃尔·克劳修斯提出了热传递定律形式的热力学第二定律。1865 年他还提出了"熵"的概念，从而以微观分子运动的角度，引出了热力学第二定律的另一种表述。我们将在下一节讨论这种表述。

　　从以上的论证不难得出结论，热机依靠热能从热向冷的自发流动。事实上，一部热机可以看作是这样一台设备，它利用热能从热向冷的自然流动，分出一部分流动的热能来做功。由于热机靠热能从热向冷流动来驱动，因此，在构造一部热机之前必须先有一个温度差。例如，海洋含有大量的热能，但是如果我们构造不出温度差，或者找不到一个更冷的系统让海洋的热能流进去，就不能用这种热能做功。所有利用热能做功的机器或者设备总是在两个温度不同的系统之间运转。

　　一个热机的能量效率有多大呢？也就是说它在用热能做功的过程中，所做的功占最初流动热能的比例是多少？对这一问题，我们不进行严格的分析或者求解，只定性地了解一下。由于世界上的大部分能量都是供热机使用的，比如运输工具和蒸汽发电，因此研究热机的能量效率是一个重要的问题。由于热机是靠热能从热向冷的流动而运转，我们可以猜测它的能量效率会受到其工作的两个温度的影响。一个是输入温度，即热能进入热机的温度；一个是排出温度，即耗散的热能排出的温度。由于热机是通过温差来驱动的，所以输入温度和排出温度的差越大，这个热机的效率就越高。

根据前面的分析，我们可以看出热能是一种很特别的能量。举高的物体能够轻易地用自身几乎全部的引力能做功，但是热力学第二定律对热能能够转化为功的比例给出了严格的限制。因此，热能不如别的形式的能量有用，或者说热能的"有用性"比别的形式的能量"有用性"低。只要别的形式的能量转化为热能，比如通过摩擦或者燃烧等过程，就降低了能量的有用性，尽管能量的总量保持不变。

因此，任何系统产生热能的过程都有一种单向性，或者叫作不可逆性。一个系统一旦产生了热能，这个系统就永远不能靠自己回到原先的状态。为了使系统还原，就必须将所有产生出来的热能转变回其原来的形式，而热力学第二定律表明这种过程不可能发生。系统只有依靠外界帮助才能回到其初始状态。

在有热能产生的过程中，总的能量保持守恒不变，但是系统必然有某种东西永久地丢失了，不是能量，可以认为是能量的"有用性"丢失了。当我们使用地球上的能源时，并不会减少地球的总能量。我们只不过是将能量从高度有用的形式，如石油、天然气、煤炭中的化学能，或者水的引力能等，降级为不那么有用的形式，通常就是热能。于是，关于能量的两大定律之一告诉我们，能量的数值是守恒的，另一条定律告诉我们，能量的"有用性"不断降低。

我们再简单介绍一些热力学的另外两个定律，以使我们关于热力学的介绍看起来比较完备一些。我们先看一下热力学第三定律，这一定律大约是 1912 年提出的。它的发现者只有一位——德国的物理化学家瓦尔特·赫尔曼·能斯特。这条定律说，不能通过有限次操作使任何物体的温度降到绝对零度。实际上，这条定律就是说，绝对零度是达不到的。我们可以做一个简单的设想，如果绝对零度能够达到，我们把这个绝对零度的系统作为热机的排出温度的系统，那么显然就可以把热机的效率提高到 100% 了。显然从热力学第二定律来看，绝对零度是达不到的。通过这样的分析，这一定律似乎可以看成是热力学第二定律的一个推论，能斯特本人最初也是这样认为的，但爱因斯坦指出这是一条独立的定律，于是它才成为热力学第三定律。通过更严格的分析会发现，热力学第三定律的实质是说，任何系统的温度都只存在于一个开区间范围内，不包括最高点和最低点，因而，可以表述成为，不能通过有限次操作，把一个系统的温度降低到绝对零度或升高到无穷大。

需要强调，这里所说的绝对零度，并不是指零摄氏度（0℃）。绝对零度和摄氏零度分别对应了两种不同的温度表示方法，也就是两种不同的温标。摄氏度对应了摄氏温标，绝对零度对应了绝对温标，绝对零度大约对应了摄氏温标的-273.15℃。绝对温标是 1848 年由当时年仅 24 岁的开尔文所创立的，是现代科学上的标准温标。在绝对温标创立之时，开尔文就预见了绝对零度不可能达到，可以说开尔文对于热力学第三定律的发现也有贡献。

接下来我们介绍热力学的最后一个定律。曾有人开玩笑说，热力学第一定律的发现者有三位，即迈尔、焦耳、亥姆霍兹；热力学第二定律的发现者有两位，即开尔文和克劳修斯；热力学第三定律的发现者只有一位，即能斯特。照此类推，热力学第四定律的发现者只能是零位。但是热力学并没有第四定律，不过有热力学第零定律。虽然这条定律提出最晚，但按照理论体系，它应该排在第一定律之前，因此称为第零定律。第零定律是说热平衡具有传递性。比如甲、乙、丙三个物体，如果甲、乙达到热平衡，甲、丙也达到热平衡，那么乙、丙也一定处于热平衡。所谓达到热平衡，就是两个系统或者两个物体之间不再进行热交换了。这真是一个很显然正确的定律啊，不过它并不像我们想象的那么简单。我们对于温度这一概念的定义，正是基于这一条定律。

这四条热力学定律，构成了整个热学的理论基础。热学又与牛顿力学、统计力学、电磁学和光学一起构成了经典物理学的大厦。

5.4　熵增加原理

热力学的四条定律是对实验事实的总结，具有广泛的适用性，但其深层次的原因是什么，则需要从微观的角度进行分析。

假设让温度不同的两个气体系统相接触，可以通过这种接触让热能在二者之间流动。由热传递定律可知，热能将从温度高的系统向温度低的系统流动。这个过程将持续到两个系统之间不再有温差为止。我们从微观的角度来考察这个过程，在温度高的系统中分子平均运动得较快，在温度低的系统中分子平均运动得较慢。热能的交换导致温度高的系统中分子运动减慢，温度低的系统中分子运动加快，直到两个系统达到某个中间温度为止。当两个系统温度相同的时候，两个系统中的分子的平均速率相同，因此运动快的分子和运动慢的分子不再彼此区分。从微观角度分析，对于两个系统组成的整体，这时系统的微观无序程度增加了。克劳修斯提出的"熵"的概念，被用来量度一个系统的微观无序程度。

这种情况其实带有普遍性，不论所用的材料是气体还是别的东西。当热能从热向冷流动时，系统微观无序程度总是增加的。事实上，人们最终发现，微观无序程度的增加与热能从较热的系统向较冷的系统流动是等价的。换句话说，我们上一节讲的热力学第二定律可以表述为：

热力学第二定律（熵增加定律）：任何物理过程的全部参与者的总熵（或微观无序程度）在过程中不会减少，但可能增加。

熵增加定律与能量守恒定律相似，二者都是对自然过程加以限制。任何过程的全部参与者的总能量一定保持不变，而总熵则一定不减少（只能保持不变或者增加）。熵增加定律预言，大多数过程是不可逆的——不能向着相反方向进行。因为如果一个过程在微观上无序程度增加，那么它的逆过程在微观上无序程度一定是降低的。事实上，几乎可以认为热力学第二定律是区分向前与向后两个时间方向的唯一的物理学原理。因此，如果不是因为热力学第二定律，一切事物逆着时间方向也一样会进行。比方说，静止放在桌子上的一本书能够将自身的一些热能转化为动能和引力能，而自发地跳到空中。这是这本书掉到桌子上这个过程的逆过程。这个逆过程就像倒过来放映的电影，可惜在实际中并不会发生，如果这些逆着时间方向的事件在实际当中真的发生了，唯一受到破坏的物理学定律便是热力学第二定律了。

熵增加原理其实说明了在热力学第二定律背后应该有着更深层的原因。

　　前面我们说要想探究热力学定律的深层原因，必须从构成热力学系统的物质内部寻求答案。只是在十九世纪的时候，当时科学界还普遍存在疑惑，究竟有没有分子存在？毕竟人们还没有观察到分子的运动。那么，要不要从分子运动的观点出发，研究热力学定律的微观机制？对这些问题曾经有过非常激烈的争论。以奥地利-捷克物理学家、哲学家恩斯特·马赫和德国物理化学家威廉·奥斯特瓦尔德为代表的实证派认为，既然分子运动不能被直接观察到，研究分子运动和热力学的联系就是多余的，物理学的任务是研究能量的演化规律，他们坚持"唯能论"的观点。

　　另一派的代表是奥地利物理学家路德维希·玻尔兹曼，他坚持从构成热力学系统的物质的微观机理出发去研究热力学。玻尔兹曼所提出的研究方法及研究领域，现在已成为经典物理学的一个重要部分，即统计力学。玻尔兹曼从分子论出发研究热力学，奠定了统计力学的基础。统计力学具有像欧几里得《几何原本》那样的公理式框架，即以少数公理作为理论的假设，得到丰富的推论，而这些推论与实验观测一致。在统计力学的理论体系里面，只有一个假设，也就是只有一个公理，即等概率假设。该假设说孤立系统对应的所有微观态的出现概率相同。

　　对于一个热力学系统来说，根据第二章原子论所介绍的内容，我们可以知道系统所含的分子数目极大。系统宏观上的一种状态（系统的压强、温度、体积等宏观参量都已确定），对应的可能的"分子分布状态"可以有很多，每一种分子分布状态就称为一种微观态。等概率假设，就是说一个系统所有可能的分子分布状态出现的概率都是相同的。

玻尔兹曼在其经典名著《气体理论讲义》中，通过熵与概率的联系，直接建立了热力学系统的宏观与微观之间的关联，并对热力学第二定律进行了微观解释，揭示了熵的实质是系统无序的程度，并且对于涨落、相变、时间的方向性等热力学问题给出了相当完美的解释。玻尔兹曼揭示的熵与热力学概率之间的关系可以简写为：

$$S = k\log W$$

式中，k 是玻尔兹曼常量，W 是构成同一宏观态的微观态的数量。由于构成系统的分子数量巨多，所以一个宏观态对应着大量的微观态，一个宏观态对应的微观态数量越多，那么它的熵就应该越大。所以熵增加原理就是说系统自发进行的方向，都是从微观态数量少的宏观态，逐渐变化到微观态数量多的宏观态。从统计学的角度来说，这很容易理解，因为这一宏观态对应的微观态数量多，而每一个微观态出现的概率相同，所以这一宏观态出现的概率就大，就代表了系统自发进行的方向。当系统宏观态不再随时间变化时，宏观态对应的微观态数量达到极大值，也就是说熵达到极大值。

玻尔兹曼也很热爱艺术，经常喜欢弹奏钢琴。也有人引用玻尔兹曼的《我的美国加州之行》的游记说他是一个幽默风趣的人。但是在与奥斯特瓦尔德、马赫的争论中，玻尔兹曼身心俱疲，几乎孤立无援。他曾伤感地说："我意识到，单凭个人孤军奋战，不足以抗击时代的潮流"。最终他精神抑郁，于 1906 年自杀。在他自杀的前一年，爱因斯坦发表了关于布朗运动的论文，为分子和原子的存在提供了支撑的证据。曾经是玻尔兹曼论战对手的奥斯特瓦尔德也于 1908 年承认：原子假说已经成为一种基础巩固的科学理论。玻尔兹曼被葬在奥地利维也纳中央墓地，墓碑上镌刻着简洁而优美的公式

$S = k \log W$。

如今，熵的概念变得非常重要。比如德国物理学家、量子力学的主要奠基者之一的阿诺德·索末菲在其 1952 年出版的《理论物理教程》一书中，就以"能与熵地位高下之争"为题，论述了熵比能具有更为重要的地位的观点，熵决定了自然过程演变的方向，即时间箭头。

有人把熵增加原理应用于整个宇宙，会给出这样的结论：宇宙的自然演化一定是朝着更大的无序度的方向进行。于是，宇宙的最终结局将是一个无序度最大的状态，在这种状态下不会再发生进一步的宏观发展。这样一个状态确实使人烦恼，所有的恒星都会燃烧完，不再有新星诞生，缺少了发光的太阳，生命也不能存在，这种状态被称为"宇宙热寂"。当然，这一切即使真的发生，也是很久以后的末日了。并且，是否能将热力学第二定律应用到一切时间之内的整个宇宙，还值得商榷。将热力学第二定律直接应用到生物系统或者社会系统也存在问题。前面我们说过，熵增加原理是对于一个孤立系统来说的，即这个系统与外界之间没有熵的交换，但生物体或者社会单元都是开放系统，与外界有熵的交换。

奥地利物理学家埃尔温·薛定谔在他的名著《生命是什么?》中，用热力学和量子力学来解释生命的本质，提出了负熵的概念。生命有机体是怎样避免衰退的呢？明确的回答是，靠吃、喝、呼吸以及同化，也就是"新陈代谢"。按照熵增加原理，一个生命有机体在不断增加它的熵，并趋近于接近最大值的熵的危险状态，那就是死亡。要摆脱死亡，唯一的办法就是从环境里不断地汲取负熵。有机体就是依靠负熵来生存的。或者更确切地说，新陈代谢中本质的东西是使有机体成功地消除了当它自身活着的时候不得不产生的全部的熵。

地球上的生命可以依靠自身从简单的单细胞生物演化成今天的高度有序的植物与动物，这从热力学第二定律的观点看似乎是荒诞的。不过，生物的进化需借助来自太阳的热能。太阳光从高温向低温流过植物，使熵值有很大的减小，补偿了植物进化所增加的熵值。动物不直接利用太阳能，它们通过吃高度有序的食物来减少自身的熵。因此，生物进化并不违背热力学第二定律。人类的大脑就是这种朝着更高的组织程度长期演化的结果。作为一种信息存储装置，人脑是地球上组织程度最高的物质形式，甚至可能也是银河系内组织程度最高的物质形式。在人类的大脑中，大自然最终创造出一个有自我意识的分子集合，这些分子如此有序地高度组织起来，以至于能够认识到它们是一群分子的集合。

再以城市为例，看一个社会系统的例子。在城市运行过程中会不断产生垃圾，必须不断向城里运进各种食物和用品（这都是低熵的物质），不断从城中运出垃圾、排出污水，这都是高熵的物质，城市才得以有活力（生存）。比利时物理化学家伊利亚·普利高津注意到热力学第二定律针对的是与外界没有熵交换的孤立系统，而生物体、社会单元都是可以与外界交换熵的开放系统，于是提出了"耗散结构"的概念。这一概念指的是一个开放系统自发形成有组织的情况，比如一个生物体或者一个社会单元等。这种系统不断从外界吸收低熵物质，排出高熵物质，总的效果相当于从外界输入负熵。这种系统内部经历着不可逆过程，不断有熵产生，而负熵的输入抵消了新产生的熵，从而使系统内部的熵维持大致不变，所以系统本身相对稳定。1977 年普利高津因对耗散结构理论的贡献获得了诺贝尔化学奖。

回顾本章的内容，我们从能量谈起，能量是社会发展的重要驱动力，在任一过程中能量总量是不变的，但能量的"有用性"却在不断变化，而且这种变化是不能自发地发生逆过程的，这就是热力学第二定律。这一定律重要的意义在于给出了时间的箭头，也就是事件发生的方向性。但是，如果因为熵增加原理让我们把时间的箭头只看成是走向完全无序的方向的话，显然是不够的。普利高津的耗散结构理论告诉我们，时间还意味着创造与进化。

思考题和习题

1. 简述"能量"与"功"这两个概念的区别。

2. 一片生长的树叶，其有序度在增加，这一过程是否违反热力学第二定律？

3. 熵的物理意义是什么？

4. 热力学第二定律有哪些表述形式？

5. 下列科学家中，（　　）与玻尔兹曼在热力学第二定律的本质认识熵观点不同。

A. 马赫　　　　　　　　　B. 薛定谔

C. 弗洛伊德　　　　　　　D. 瓦特

6. 薛定谔在（　　）一书中用热力学和量子力学来解释生命的本质。

A.《生命是什么？》　　　　B.《统计热力学》

C.《波动力学四讲》　　　　D.《理论物理教程》

7. 热力学第二定律又被称为 (　　)。

A. 熵增加定律　　　　　　　　B. 能量守恒定律

C. 质量守恒定律　　　　　　　D. 菲涅尔原理

8. 下列定律被命名最晚的是 (　　)。

A. 热力学第零定律　　　　　　B. 热力学第一定律

C. 热力学第二定律　　　　　　D. 热力学第三定律

9. 热力学第三定律由 (　　) 提出。

A. 洛伦兹　　　　　　　　　　B. 普朗克

C. 能斯特　　　　　　　　　　D. 兰兹伯格

10. 提出 "耗散结构" 概念的科学家是 (　　)。

A. 普利高津　　　　　　　　　B. 哈肯

C. 玻尔兹曼　　　　　　　　　D. 薛定谔

11. 光合作用中能量的转化过程是 (　　)。

A. 辐射能转化为化学能　　　　B. 动能转化为热能

C. 热能转化为动能　　　　　　D. 动能转化为化学能

12. 木柴燃烧时的能量转化是 (　　)。

A. 化学能转化为热能和辐射能

B. 热能转化为电磁能和辐射能

C. 动能转化为化学能

D. 化学能转化为辐射能

6　电磁辐射

　　爱因斯坦曾经说过："自从牛顿奠定理论物理学基础以来，物理学的公理基础——换句话说，就是我们关于实在结构的概念——最伟大的变革，是由法拉第和麦克斯韦在电磁学方面的工作引起的。"本章我们首先从光的本性认识谈起，接着了解电磁波理论，最后讨论一个跟电磁辐射相关的环境问题——臭氧枯竭。

6.1   光的本性

关于光的本性的认识，历史上有"波动说"和"微粒说"两种占据主要地位的观点。笛卡尔主张光的波动说，认为光是一种"压力"，在完全弹性的"以太"中传播，传播速度为无穷大。以发现弹性定律而闻名的胡克，也是光的波动说的最先提出者之一，他在1672年明确提出光是一种在介质中传播的"振动"，是一种横波。惠更斯发展了光的波动理论，使之成为较为完整的学说。惠更斯1678年出版了《光论》，在这本书里他提出光是"以太"的弹性振动，光从发光体传来，进入观察者的眼睛，传过来的只是"以太"的弹性振动形式，并没有任何物质成分从那里跑过来。惠更斯认为光在"以太"中的传播类似于声音在介质中的传播，光波与声波一样，都是纵波。波动说很好地解释了光的反射和折射，但是在解释光的直线传播时却存在问题，而且当时对于波动特有的干涉现象在光的实验中也没有观测到。

牛顿对此则持不同的观点，他不认同惠更斯等人提出的波动说。牛顿在1704年出版的论著《光学》中断言，光是由发光体释放的微粒流。这些微粒从光源射出，进入观测者的眼睛，光传递是这些微粒的传递，是真实的物质传递。微粒说能解释光的直线传播、反射、折射等现象。由于牛顿在力学理论上的巨大成功，他在学术界有了崇高的声望，使得微粒说成为当时光学理论的主流。

直到1801年，英国人托马斯·杨完成了光的双缝干涉实验，干涉现象是微粒说无论如何都无法解释的，波动说自此开始逐渐战胜了微粒说。托马斯·杨是一名医生，但兴趣广泛，在许多领域都有涉猎，如力学、数学、光学、声学、语言学、考古学等，且在这些方面都做出了杰出的贡献。此外他在美术、音乐等方面也颇有造诣，能演奏多种乐器。托马斯·杨 1773 年 6 月出生于英国一个富裕的贵格会（基督教的一个教派）教徒家庭，从小就表现出过人的天赋。据说他 2 岁就能读书，4 岁读完《圣经》，14 岁通晓拉丁语、希腊语、法语、意大利语等多种语言，之后还学习了希伯来语、波斯语和阿拉伯语。他在语言学上的天赋使其后来破译了埃及的拉希德石碑上的一些文字，对考古学做出了重大贡献，并在对近 400 种语言进行了比较后于 1813 年提出了"印欧语系"的分类。中学时期，托马斯·杨自学了微积分并自制出显微镜和望远镜，阅读了牛顿的《自然哲学的数学原理》和拉瓦锡的《化学纲要》等科学著作。受其当医生的叔叔的影响，他 19 岁时到伦敦学医，21 岁时转学到爱丁堡医学院时因其对于眼睛调节机理的研究而出名，他成为英国皇家学会会员。

托马斯·杨在科学研究方面最大的成就在物理光学领域，他被誉为生理光学的创始人，于 1793 年发现了人眼球里的晶状体可自动调节以辨认所见物体的远近。托马斯·杨也是第一个研究散光的医生，并因此转而研究光学。他认识到光是横波，并提出了颜色的三色原理，指出一切色彩都可以由红、绿、蓝这三种原色叠加得到。托马斯·杨在光学领域最伟大的贡献，当为光的波动理论和双缝干涉实验。他自己设计完成了双缝干涉实验，撰写了《物理光学的相关实验与计算》论文，可是当时他的理论完全不能为学界接纳，论文也无处发表，只好于 1801 年自己把论文印成小册子，取名《声和光的实验和探索纲要》。托马斯·杨在文中写道："尽管我仰慕牛顿的大名，但是我并不因此而认为他是万无一失的。我遗憾地看到，他也会弄错，而他的权威有时甚至可能阻碍科学的进步。"1803年，托马斯·杨再次在皇家学院做了关于光的波动学说的讲演，只可惜其基于实验观测的理论，因缺乏严格的数学理论支撑而没有引起学界广泛的支持。

1815年，法国物理学家菲涅耳向法国科学院递交了一份关于光的波动学说的论文，阐述了与托马斯·杨相似的观点。菲涅耳小的时候比较迟钝，身体也不好，靠着自己的刻苦努力走进了科学的殿堂。菲涅耳关于光的衍射和干涉的文章写得十分清楚，使读者一看就觉得言之成理，而且实验证明确凿。菲涅耳论文的审稿人是著名的物理学家阿拉果，他原本拥护光的微粒说反对光的波动说，在看了菲涅耳的论文之后，却来了个180度大转弯，转而拥护光的波动说。菲涅耳的衍射理论受到了著名物理学家泊松的质疑，他用菲涅耳理论计算了当一个小圆盘阻挡在光路上的时候的衍射图像，发现当小盘与屏幕的间距为某一值时，小盘在屏幕上的暗影的中心会出现一个明显的亮点（后被称为"泊松亮点"）。泊松认为，这一荒谬的结果说明菲涅耳的波动理论完全错误。但是阿拉果设计了一个实验来检验是否存在泊松亮点，结果暗影的中心真的出现了亮点。菲涅耳理论完全正确。

托马斯·杨和菲涅耳几乎同时完成波的干涉和衍射研究，二人并没有对发明权进行争夺，相反，他们互相称赞对方的成功，承认对方与自己一样，独立地完成了相关的科学发现。在他们的努力下，波动说终于得到了整个学术界的认可。爱因斯坦在1931年《牛顿光学》一书序言中高度赞扬了托马斯·杨和他的科学成果，认为"光的波动学说的成功，在牛顿物理学体系上打开了第一道缺口，揭开了现代场物理学的第一章"。

既然光是一种波动，那么它的传播速度是多大呢？

最早测量光速的人是伽利略。他让两个人各拿一盏灯，站在相距很远的两个山头上。第一个人先打开灯同时记下开灯的时间，第二个人看见第一个人的灯光后也立即开灯，第一个人看见第二个人的灯亮后立刻记下时间。这样根据两个山头的距离和光一去一返的时间，就可以算出光速。但是实验中排除人的反应时间，几乎分辨不出往返的时间差，光的传播似乎不需要时间。伽利略承认，他没有通过这个实验测出光速，也没有判断出光速是有限的还是无限的，不过他认为"即便光速是有限的，也一定快到不可思议"。

真正意义上的光速测量是在十七世纪，丹麦天文学家奥勒·罗默通过对木星卫星的观测，测出了光的传播速度。他于1676年测得的光速约为20万千米/秒，虽然数值误差很大，但毕竟数量级正确，而且他得出了一个重要的结论，光的传播需要时间。罗默是通过木卫（木星卫星）被木星遮挡而出现的卫星蚀现象来估算光速的。1610年，伽利略利用望远镜发现了木星的四颗卫星，其中木卫一最靠近木星，每42.5小时绕木星转动一圈。当木卫一转到木星背面的时候，太阳光无法照射到木卫一，地球上的观测者就看不到这颗卫星了，这就是木卫一蚀。

如图6.1所示的那样，地球绕太阳在圆轨道上逆时针转动，木卫一绕着木星（图6.1中B位置）也在逆时针转动。木星背后是木星的阴影区，如果木卫一进入这部分区域，太阳光照射不到，人们就无法看到它。也就是说，当木卫一到达C点时就会消失，到达D

点时就会再次被观察到。罗默注意到不同日期观测到的木卫一蚀现象，存在时间差，他认为这是由于不同日期地球在公转轨道上的位置不同，造成到木星的距离不同，只要光速不是无限大，这一距离差就将导致光从木星传播到地球的时间产生一个差值。从 1671 年到 1673 年，罗默进行了多次观测，得出在地球远离木星（$\overset{\frown}{LK}$段）和接近木星（$\overset{\frown}{FG}$段）的时候，木卫一蚀的时长差了 7 分钟，从而计算出了光速。罗默之后，布拉德、斐索等人都先后测量过光速。

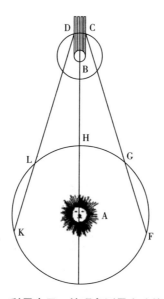

图 6.1　利用木卫一蚀现象测量光速的示意图

1926 年，美国科学家迈克尔逊采用旋转棱镜法测光速（见图 6.2）。图中八面镜 A 和反射装置（B 和 M）分置于相距 35 公里的两座山上，让光源 S 发出一束光经八面镜的镜面 1 反射后，通过 B 和 M 反射回八面镜，经过镜面 3 反射后进入目镜。只有八面镜在图示的位置，镜面 1 和镜面 3 都和相应的入射光线成 45°时，目镜处才会有光。如果八面镜转动一点，经过反射的光就无法到达目镜，就看不到光了。如果让八面镜旋转起来，可以发现在转动角速度下，只要光源发出的光经过八面镜反射后再次到达八面镜的时间内八面镜刚好转过一格，这时目镜中可以一直看到光。迈克尔逊基于实验数据计算出的光速值已非常接近今天的光速公认值。

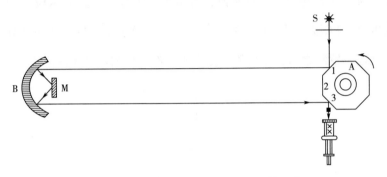

图 6.2 迈克尔逊旋转棱镜法测量光速的示意图

目前国际上公认的光速值是在 1973 年测定的 299 792 458 米/秒。1983 年国际科技数据委员会又反过来用真空中的光速定义距离，规定光在 1/299 792 458 秒内走过的距离为 1 米。在 1986 年又规定 1973 年测定的光速值为精确值，于是真空中的光速值从此以后不再变动。

6.2 电磁波理论的建立

人类对电和磁的认识可以追溯到 2 000 多年前。在我国，很早就已经知道静电现象，知道磁石的吸引和排斥现象。《吕氏春秋》中记载："慈（磁）石召铁，或引之也。"《淮南子》中记载："慈石能引铁，及其于铜，则不行也。"东汉思想家王充所作《论衡》，大约汇编于公元 88 年左右，其中提到"顿牟掇芥，磁石引针"，同时指出了静电、静磁的吸引现象。顿牟，指的是一种类似龟的爬行动物的甲壳，又称为玳瑁。西晋张华著《博物志》中记述，"今人梳头、脱著衣时，有随梳、解结有光者，亦有吒声"，描述了用梳子梳头发和脱毛皮或丝绸质料衣服时产生的静电闪光现象。古代中国人不仅认识了磁石的吸引现象，还利用地磁效应制作了指南针。《论衡》中有"司南之杓，投之于地，其抵指南"，描述的就是最初的指向器司南。到了宋代，沈括的《梦溪笔谈》中记载磁针"常微偏东，不全南也"，说明对地磁场的磁偏角有了一定的认识。然而，对电和磁进行科学、系统的研究，则是在欧洲文艺复兴开始之后。

1600 年前后，英国医生吉尔伯特出版了《磁石论》，是物理学史上第一部系统阐述磁学的科学专著。吉尔伯特对磁和电做了初步的科学研究，他指出任何磁体都同时存在两极，没有单磁极存在。他发现了铁的磁化现象。吉尔伯特还正确地指明，地球是一个大磁体。他研究了摩擦起电现象，发明了第一个验电器。英文中电这个词，就是吉尔伯特最先提出的，它来自希腊文"琥珀"一词的译音，可能是因为古希腊人也发现了"琥珀拾芥"这一静电吸引现象。

磁和电在吸引物体上展现出了相似性，但两者之间还存在着明显的区别。第一，天然磁石的磁性是持久的，与摩擦没有关系；第二，每一块磁铁都同时有北极和南极，从来没有发现磁单极的存在，而摩擦起电只能带一种电荷。电和磁在吸引上的相似性使人想到它们之间可能有联系。1820 年，丹麦物理学家奥斯特偶然把小磁针放在通电导线下方，发现了小磁针发生偏转，运动电荷的磁效应被发现，从此拉开了电磁学研究的序幕。

对电磁学贡献最大的人当数英国物理学家迈克尔·法拉第。

1831 年，法拉第在多次实验失败后，终于取得了重大突破，发现了电磁感应现象，制造出世界上第一台发电机。此后法拉第又提出电解定律，发现了自感现象、磁光效应和物质的抗磁性等。他还提出了电力线和磁力线的理论。正是这一理论引导麦克斯韦建立起电磁场理论的大厦。法拉第的思想超越了他的时代，他的这些理论当时不被理解。1851 年，法拉第写了一篇题为《关于磁力的物理线》的文章，介绍了磁力线和电力线的问题，他深信这些力线是存在的。电磁感应就是导体在做切割磁力线的运动。后来，法拉第的思想进一步发展，他认为磁力线不是磁铁在发射某种东西，而是空间本身固有的特性，物质可以改变磁力线的分布状况，磁力线是可以传递力的。法拉第慢慢形成了"场"的理论。毫无疑问法拉第是那个时代最伟大的物理学家，英国著名的化学家戴维是法拉第的老师，他曾说过："我一生中最重要的发现，就是发现了法拉第。"

成名之后的法拉第非常乐于对公众做科普演讲，希望能够激励年轻人积极投身于科学研究。法拉第在回顾自己一生的时候说："自然科学家应当是这样一种人，他愿意倾听每一种意见，但必须自己做出判断。他不应当被表面现象所迷惑，不偏爱任何一种假设，不属于任何一个学派，不盲从任何一位大师。他应当重事不重人，真理才是他的首要目标。如果有了这些品质，再加上勤勉，那么他就有希望走进科学的圣殿。"1867 年 8 月 25 日，法拉第在座椅上静静地去世。遵照他的遗嘱，他被安葬在海洛特公墓，墓碑上简单地刻着：

迈克尔·法拉第

生于 1791 年 9 月 22 日

殁于 1867 年 8 月 25 日

在著名的威斯敏斯特大教堂里有法拉第的纪念碑，纪念碑旁边就是牛顿的墓。当年流放到英国的伏尔泰曾经感叹："走进威斯敏斯特教堂，人们所瞻仰的不是君王们的寝陵，而是那些为国增光的伟大人物的纪念碑，这便是英国人民对于才能的尊敬。"

英国物理学家詹姆斯·克拉克·麦克斯韦出生于法拉第发现电磁感应定律的 1831 年，19 岁入剑桥大学三一学院学习，选择物理学作为其终生奋斗的领域。麦克斯韦毕业后留校工作，致力于法拉第电磁实验的理论研究。麦克斯韦在其第一篇电磁学论文《论法拉第的力线》中，对法拉第的力线概念进行了精确的数学表述，并由此推导出了库仑定律和高斯定律。麦克斯韦并不满足于把法拉第的思想只是用严谨的数学语言来描述，他意识到要想让电磁学像牛顿经典力学一样完善，就必须把有关电和磁的所有现象总结成一整套完善的公式系统。而想完成这个任务，就必须按照法拉第的思想走下去，法拉第只用很少的几个观点就能解释错综复杂的电磁学现象，这正是麦克斯韦需要的。经过几年的努力，他终于得到了后来以他名字命名的电磁学方程组，建立起完整的电磁场理论，他还推出了电磁场的波动方程，从理论上预言了电磁波的存在。麦克斯韦大胆猜测电磁波的传播速度就是光速，从而指出光波就是电磁波，揭示了光、电、磁现象的本质的统一性。

通过法拉第与麦克斯韦的努力，一种全新的概念摆在了人们的面前，那就是"场"，看不见摸不着，但又实际存在着。场是物质吗？是的，场是一种特殊的物质，虽然它看不见摸不着，但是场是可以检测的，是可以传递力的。场蕴含着能量，而且可以脱离电磁波波源而存在。所以就像本章题要中所述，爱因斯坦感叹法拉第和麦克斯韦的工作是我们关于实在结构的概念的最伟大的变革。

1887 年，德国物理学家海因里希·鲁道夫·赫兹用实验证实了电磁波的存在，并测出它的传播速度就是光速，支持了麦克斯韦的电磁理论。麦克斯韦电磁方程组是所有电磁学定律的简明优美的总结，是整个电磁学和光学的基础。在麦克斯韦理论的基础上，波动光学取得了长足的进展。整个十九世纪，光的波动理论都占据着统治地位，牛顿的微粒说几乎已被学术界淡忘。麦克斯韦 1873 年出版的《论电和磁》一书，被认为是继牛顿的《自然哲学的数学原理》之后的一部最重要的物理学经典著作。

法拉第和麦克斯韦等人创立的电磁理论，推动了发电机、电动机、电灯和电子技术的发明，人类文明从此进入了电磁时代。

6.3　电磁波谱

1865 年麦克斯韦由电磁理论预言了电磁波的存在。从麦克斯韦方程组可以推得：变化的电场在其周围产生与之垂直的磁场，变化的磁场也会在其周围产生与之垂直的电场，变化的电场和变化的磁场沿着与两者均垂直的方向传播，这就是电磁波。当时计算出电磁波的传播速度跟光速非常接近。麦克斯韦指出，电磁波的这一传播速度与当时测得的光速如此接近，看来有充分理由断定光本身，以及热辐射和其他形式的辐射，是以波动形式按电磁波规律传播的一种电磁振动。从而把表面上似乎毫不相干的光现象与电磁现象统一了起来，实现了电、磁、光的一次大融合，也为人类深刻认识光的本质指明了方向。

在赫兹通过实验发现电磁波后，人们又进行了很多实验，不仅证明光是一种电磁波,而且发现了更多形式的电磁波。1895 年发现的 X 射线,以及 1896 年发现的放射性射线中的一种 γ 射线都是电磁波。现在为人们所熟知的红外线与紫外线也是电磁波。这些电磁波本质上完全相同,只是频率与波长不同而已,较高频率的电磁波意味着有较高的能量。电磁波常常又被称为电磁辐射。人们将所有电磁波按照它们的波长或频率、能量的大小顺序进行排列,这就是电磁波谱(见图 6.3)。依照波长的长度、频率以及产生电磁波的波源的不同,电磁波谱可以大致分为无线电波、红外辐射、可见光、紫外辐射、X 射线辐射和 γ 射线辐射。

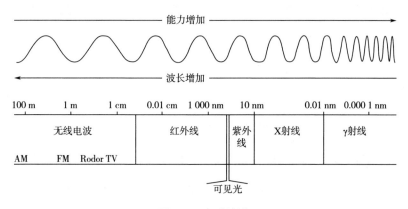

图 6.3　电磁波谱

下面我们按照频率由低到高,对电磁波的大家庭进行简单的介绍。

频率最低,波长最长的电磁波被称为无线电波。无线电波的波长最小大约为 1 毫米,包括调幅(AM)和调频(FM)无线电波、电视波和微波。无线电波的产生是通过让电子在人造的电路中来回振荡来实现的,人们可以用电子学的方法产生和控制这些波。赫兹最早发现的电磁波即属于这一类,而且这类电磁波在现代技术中被广泛应用。调幅广播电波的频率在 1 000 千赫左右，调频广播电视和电视波的频率在 100 兆赫左右，它们是由电子沿着电路中的金属天线往复运动产生的。频率高达 1 万亿赫兹的雷达波和微波也是用电子学方法产生的。许多自然过程也产生无线电波。射电天文学家用射电望远镜，接收其他恒星或天体所发出的无线电波来研究宇宙。事实上，天体能产生电磁波谱中所有波段的电磁辐射。

波长范围从 1 毫米到千分之一毫米范围内的电磁辐射称为红外辐射（红外线）。红外辐射一般由热能引发的分子随机热运动产生。由于所有物体都具有热能，因此，所有物体都能产生红外辐射，而且更热的物体产生更多的红外辐射。红外探测器能够探测出较冷背景上的较热的物体，这就是夜视仪和红外摄影的基础。虽然人类无法直接看到红外辐射，但是能感觉到。由于红外辐射是由热运动产生的，它的频率适合于扰动分子使之进入热运动状态，因此它能使受其照射的物体变暖。当我们隔着一段距离感受到暖气片的温暖时，我们的皮肤就好像是红外探测器。有些动物已经进化出高度发达的红外感觉器官，用于夜视，比如响尾蛇就在其颊窝两侧有仅对红外线敏感的红外线感受器，它的敏感度非常高，能够辨别 0.002℃ 的温差。

包括人类在内的许多动物都具有检测在红外辐射区之上的一窄段频率的感觉器官。这个频段的电磁波被称为可见辐射或者可见光，其中心波长约为 5×10^{-7} 米，大约是单个原子大小的 5 000 倍左右。可见辐射通常由在单个原子内运动的电子产生。这个可见频段的界定特征很简单，就是人眼对它是敏感的。进入眼睛瞳孔的光波照在后面的视网膜上，视网膜上覆盖着光敏细胞，其作用好像是接收可见频段内的电磁波的微小天线。视网膜上的某些细胞对不同波长有不同的响应，大脑就会把这些解释成不同的颜色。

比可见辐射中紫色光频率更高的是紫外辐射，又称为紫外光。产生紫外辐射的途径与产生可见光的途径相同，都是由在单个原子内运动的电子产生。虽然紫外辐射与可见光相似，但它频率更高，具有较高的能量。紫外辐射的频率适合使许多生物分子产生振动，因此它容易被生物吸收。而且紫外辐射的能量足以使分子破裂，这能破坏或杀死活细胞。紫外辐射如果被一个细胞的 DNA 吸收，若此细胞对其自身进行大量复制，就会导致癌变。

X 射线辐射也是由单个原子内的电子产生，不过只来自原子内最高能量的电子活动。X 射线的波长在 10^{-10} 米附近的一个范围内，这个尺度大约是单个原子的大小。人们在高能 X 射线管内产生 X 射线。X 射线与生物物质有重要的相互作用。它们有足够的能量使生物细胞内的分子电离，也就是说，把电子从某些分子中打出来。与紫外辐射相似，这种辐射会引起癌症。

人们通常把能量大到足以使生物物质电离的辐射叫作致电离辐射。X 射线和 γ 射线都是致电离辐射，能量较高（频率较高）的部分紫外波段的辐射也是致电离辐射。X 射线能够深深穿透生物物质，因此，它可以用来在不动外科手术的情况下检查人体内部的状况。

电磁波谱中波长最短、频率最高的辐射是 γ 辐射。这一辐射具有最高的能量，并由在最小空间区域内发生的最高能量的过程产生，像原子核的放射性衰变，以及原子核的聚变、裂变核反应等。与 X 射线一样，γ 辐射是一种致电离辐射，它能够伤害生物物质。因而，它常被用来摧毁发生病变的细胞从而治疗某些癌症。由于 γ 辐射的波长比单个原子小得多，原子不容易对它们产生响应，因此它能够穿透到物质中很深的地方。

我们周围充满着电磁波。大量的电视和无线电广播信号、来自中子星的射电脉冲、几百万颗正常恒星的射电噪声、源于大爆炸的微弱的宇宙背景辐射、可能来自地外生命的通信信号、来自太阳的辐射，以及其他各种各样的辐射都在我们周围。虽然人类的身体只具有能接收到这些波的全部波谱中微小的可见部分的能力，但是借助于适当的设备，人类能够测到其他任何频率的电磁波，而眼睛看到的电磁波只是整个自然界中非常微小部分。

影响我们生活最大的电磁波是来自太阳的电磁辐射。虽然太阳能发射电磁波谱中各个波段的电磁波，但大部分位于可见光、红外和紫外波段，它们都是在太阳的可见表面上产生的。太阳内部炽热、稀薄的大气中产生出高能 X 射线和一些 γ 辐射，同时伴随着无线电波。太阳内部深处的高能过程产生的强烈辐射在太阳内部就被吸收并转化，几乎没有直接逸出。伴随着这些辐射过来的就是太阳的辐射能，其中能被眼睛直接感知的是可见光，皮肤可以感受到太阳红外辐射的温暖和紫外辐射对皮肤细胞的灼伤。

6.4 臭氧枯竭与全球变暖

6.4.1 臭氧枯竭

臭氧枯竭问题属于跟电磁辐射相关的环境问题。臭氧在距地表10 千米到 50 千米高度处的大气层里，它在大气中的含量非常少，属于一种痕量气体。每 1 千万个大气分子中，大约只有 3 个臭氧分子。由于臭氧分子天然地以紫外线的频率振动，因而可以吸收太阳的大部分紫外辐射，从而保护地球上的生命免受太阳高能紫外辐射的伤害。然而不幸的是臭氧在大气中非常稀薄，如果把这层极其稀薄的臭氧层压缩到正常的大气压，它只有2毫米厚，这就使得它很容易被人类的活动改变。在二十世纪里，人类家用工业化学制品毁掉了地球大气中的大部分臭氧。在认识到这种破坏之后，大部分国家最终达成一致，禁止使用这种破坏臭氧的化学制品。

1928年，通用汽车公司首次合成了含氯氟烃（CFC），其商品名氟利昂，更被人们所熟知，CFC分子由氯、氟、碳的原子构成，用于生产通用公司的电冰箱。CFC分子的化学性质不活泼，不易与其他物质发生反应，对人体无毒，对机械装置没有腐蚀性，并且是不可燃的。通常情况下，CFC是气体，但在高压下变成液体。CFC在工业上有很多用途，其中之一就是用作冷却剂。电冰箱和空调器工作时使用冷却剂，可以从电冰箱或房间中抽出热能。在二十世纪四十年代，人们又发现CFC可用作驱动喷雾器的压缩气体，接着又开始用作起泡剂在塑料中生成气泡，这种塑料可用作隔热防寒的热绝缘体，也可做成泡沫橡胶。后来，CFC又用作电子零件的清洗溶剂，它们为计算机革命起了辅助作用。

由于CFC化学性质不活泼，所以使用过的CFC基本上应当都还留在大气中。但是究竟在哪里呢？有没有什么变化？直到1974年，在加利福尼亚大学尔湾分校做博士后的马里奥·莫利纳与他的导师弗兰克·舍伍德·罗兰合写了一篇论文，发表在《自然》杂志上，论文中提出了一个令人惊恐的可能性。莫利纳和罗兰认为由于CFC分子不活泼而且是气态的，它们在较低的大气层中并不被化学分解或被雨水清除掉，它们会慢慢地飘升到离地面10到50千米的较高的大气层即同温层中，在那里它们可以原封不动地存留几十年甚至若干世纪，而太阳的高能紫外辐射最终会将 CFC 分子分解，向同温层释放出大量的氯，氯与臭氧会发生强烈的作用，因而会对地球大气同温层中的臭氧产生威胁（见图 6.4）。

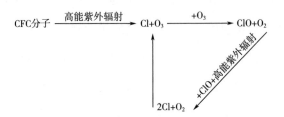

图 6.4　CFC 分子对臭氧分子（O_3）的破坏过程

同温层的臭氧是由在同温层中正常的氧分子自然生成。来自太阳的高能紫外辐射使氧分子分解，生成的氧原子随即与氧分子结合形成臭氧分子。但是臭氧容易被各种化学反应分解，比如与氯原子结合生成正常的氧分子和一氧化氯，由于高能紫外辐射的轰击，随即两个一氧化氯分子会分解为一个正常的氧分子和两个氯原子。这个反应释放氯，这些氯随即又会破坏更多的臭氧。科学家研究发现，1 个氯原子大约可以瓦解 10 万个臭氧分子。

对于莫利纳和罗兰的研究结果，科学界起初反应冷淡。两位化学家在 1974 年 9 月在大西洋城召开的美国化学协会的一次会议期间举行了一个新闻发布会。在发布会上，他们号召全面禁止 CFC 继续排放到大气中。大多数人都认为这很荒谬，因而一直无法达成共识以开始行动。化学行业认为这个理论只是推测性的，在得到更多的证据之前，不应该限制对 CFC 的使用，以免对经济带来影响。环境学家则认为要立即行动起来，避免发展到不可挽回的地步。最终关心环境的普通大众开展了联合抵制行动，迫使制造商对 CFC 的使用做出了限制。1978 年，美国和其他几个国家的政府开始限制 CFC 在工业上的应用。虽然被限制的 CFC 的使用量在总的使用量中的占比并不大，但这种向关心环境的不完全地让步至少暂时平息了这场争论。随着辩论的平息，在 1980 年之前，CFC 对臭氧层产生影响的问题几乎从公众的视野中消失了。

从 1977 年开始，一个在南极做例行观测的英国大气考察队观测到一个新动向，南极上方的臭氧浓度每年春天下降，然后在几个月内恢复正常。而且这个下降逐年加大，到 1984 年下降了约 40%。这些测量结果是如此难以令人相信，以至于 1985 年发表的观测报告受到怀疑，认为这个效应只是自然周期的一部分，很快就会消失。美国化学家苏珊·所罗门组织了一次南极考察活动，希望对这一现象做进一步调查。随着 10 月份南极春季的到来，所罗门发现不仅臭氧比正常值低 50%，而且出现了高水平的氯。看来南极上方真的存在着一个臭氧空洞，这个空洞正在变大，而且似乎与氯有关系。这是科学家完全没有料到的。莫利纳和罗兰曾以为 CFC 破坏臭氧的效应只会逐渐发生，但实际情况甚至更为严重。

所罗门提出了一个假说，认为冬季南极高空会形成由微小冰粒构成的冰云，当南极的春天到来的时候，太阳的能量在微小冰粒表面引发化学反应，这些反应将混合在冰粒中的 CFC 转化为一氧化氯释放到同温层中，随后高能辐射分解一氧化氯分子放出氯，而氯则瓦解臭氧分子。所罗门的这一假说在 1987 年组织的第二次考察中被证实。

1987 年，46 个国家在加拿大的蒙特利尔签订了《关于消耗臭氧层物质的蒙特利尔议定书》（以下简称《蒙特利尔议定书》），开始采取保护臭氧层的具体行动。《蒙特利尔议定书》的大部分内容是关于可能发生的情况的科学理论，因此它是一项预防性的行动。但是如果在科学家获得了充分证据证明臭氧枯竭是由 CFC 造成的之后再签订相关条约，那将会使环境遭到更大的破坏，使人类陷入更深的灾难。美国环境保护局曾做过一个预估，如果这份条约推迟到 2010 年才采取控制措施的话，那么在 1987—2050 年，美国将增加 1 200 万皮肤癌病例，包括 20 万例死亡；同时还会对人产生其他影响，包括眼睛白内障、免疫系统反应抑制，以及皮肤过早老化等；受紫外辐射的照射，农作物产量预计会减少；生活在海洋表面附近的微生物和鱼类可能会减少，甚至会使得整个南极生态系统崩溃。罗兰和莫利纳因"为把我们从一个可能具有灾难性后果的全球环境问题中拯救出来做出了贡献"而被授予了 1995 年诺贝尔化学奖。

《蒙特利尔议定书》要求在 2000 年之前基本上淘汰破坏臭氧的化学品，但是由于破坏臭氧的化合物寿命很长，预期氯的浓度在 2050 年之前都不会降到安全水平。但是《蒙特利尔议定书》的效果还是非常显著的，观察发现大约在 2000 年至 2005 年，臭氧的破坏程度似乎达到了最大并趋于稳定。2018 年 11 月 5 日，联合国环境署发布了《2018 年臭氧层消耗科学评估报告》，报告指出臭氧层正在愈合。该报告是"《蒙特利尔议定书》科学评估小组"的四年期审查报告，其调查结果证实，长期以来在《蒙特利尔议定书》的框架下所采取的行动，已成功降低了大气中受控制消耗臭氧层物质的含量，并推进了臭氧持续恢复。报告提供的证据表明，自 2000 年以来，臭氧层以每 10 年 1%～3% 的速度恢复。按照预计的速度发展下去，北半球和中纬度地区的臭氧层有望在 2030 年之前完全愈合，在 2050 年前，南半球的臭氧层将恢复原样，到 2060 年极地地区的臭氧层将成功恢复。

6.4.2 全球变暖

除臭氧枯竭以外，因辐射带来的大气层面的环境问题还有全球变暖。从太空测量地球的温度大约为-19℃，但地球表面温度大约为14℃。产生这一温差的原因就在于温室效应。产生温室效应的原因简单来说在于地球大气中的温室气体，这是一些痕量气体，包括二氧化碳和水蒸气。它们强烈地吸收地球发出的红外辐射，同时也向地球辐射红外辐射。因此，温室气体可以在地球的能量平衡中起到重要作用，使得地表的温度维持在较为适宜的水平。

这种天然的温室效应使得地球变暖，然而这种效应最近两百多年来，由于人类的活动而加强。煤炭等化石燃料燃烧产生大量二氧化碳，而二氧化碳是一种重要的温室气体。十八世纪中叶开始的工业革命之前，二氧化碳在大气中的浓度保持不变，但是自工业革命开始到二十一世纪初，其浓度增加了大约三分之一。这一变化，使地球在过去的一个世纪里稍微变暖，这种人为的对天然温室效应的加强就是全球变暖。从二十世纪末开始，许多科学家对这一问题进行了研究，对于全球变暖正在发生并且将会加剧达成了普遍共识。世界气象组织（WMO）及联合国环境规划署（UNEP）于 1988 年联合建立了一个政府间机构——联合国政府间气候变化专门委员会（Intergovernmental Panel on Climate Change，IPCC），其主要任务是对气候变化科学知识的现状，气候变化对社会、经济的潜在影响以及如何适应和减缓气候变化的可能对策进行评估。2007 年该机构与美国前副总统艾伯特·戈尔分享了诺贝尔和平奖。

IPCC 于 2001 年发布的《第三次评估报告》中提出,主要受人类活动导致的温室气体排放的影响,在二十世纪里全球平均表面温度上升了大约 0.6℃;全球平均海平面升高,海洋的热含量也增加了;地球表面冰雪的覆盖量已经减少,冰河已经消退;北半球暴雨发生的概率增加了 2%~4%;极度反常的天气也很有可能进一步增加。报告也预期,在二十一世纪,全球平均温度预计将升高 1.4~5.8℃。全球变暖将持续若干个世纪。为了扭转温度升高的趋势,必须把全球的碳排放量降下来。人类已经通过对于臭氧的控制保护,扭转了臭氧衰竭的趋势,这使我们相信人类是可以通过集体行动来保护环境的。

2006 年美国哥伦比亚公司等七家公司联合发行了一部环保纪录片《难以忽视的真相》,该片讲述了全球气候变暖及环境恶化所带来的明显灾难,呼吁人类保护环境,减缓暖化,该片获得 2007 年第 79 届奥斯卡金像奖。

但是,显然针对全球变暖采取的行动要比针对臭氧枯竭采取的行动困难得多,这主要是因为:第一,对这个问题的解决将对很多国家带来巨大的经济冲击;第二,对普通人所要求的生活方式的变化可能是难以做到的;第三,世界上主要的经济发达国家在这个问题上的态度,并不像其在臭氧枯竭问题上所起的带头作用。大多数工业国家于 1997 年在日本的京都签署了《京都议定书》,提出在 2012 年前把他们的温室气体排放量减到比 1990 年的水平低 5%,但不幸的是,在 2001 年,实际的全球排放量比 1990 年的水平高了 10%。而且,美国、加拿大等发达国家相继退出了《京都议定书》。

工业化国家，特别是美国、加拿大等发达国家，因为他们消耗的化石燃料占最大的份额，所以是全球变暖问题的主要源头。比如对美国来说，其人口只占世界总人口的 4.5%，碳排放量却占了世界碳排放总量的 23%。其他工业化国家的人均碳排放量低于美国的一半，发展中国家占的份额则小得多。

2016 年，全世界 178 个缔约方共同签署了气候变化协定《巴黎气候变化协定》（以下简称《巴黎协定》），作为已经到期的《京都议定书》的后续。《巴黎协定》是对 2020 年后全球应对气候变化的行动作出的统一安排，其长期目标是将全球平均气温较前工业化时期上升幅度控制在 2℃ 以内，并努力将温度上升幅度限制在 1.5℃ 以内。《巴黎协定》是继 1992 年《联合国气候变化框架公约》、1997 年《京都议定书》之后，人类历史上应对气候变化的第三个里程碑式的国际法律文本，形成 2020 年后的全球气候治理格局。最大的发展中国家中国和最大的发达国家美国，都是《巴黎协定》的倡导者和推动者。2018 年 11 月，中国气候变化事务特别代表解振华宣布，中国已提前 3 年落实《巴黎协定》部分承诺，并将在 2020 年百分之百兑现承诺。2020 年 11 月，美国宣布正式退出了《巴黎协定》。2021 年 2 月，美国又宣布正式重新加入。

中国作为发展中国家，正积极为应对气候变化，减少碳排放做出贡献。2021 年 10 月 26 日，国务院印发《2030 年前碳达峰行动方案》（以下简称《方案》），提出以习近平新时代中国特色社会主义思想为指导，深入贯彻习近平生态文明思想，立足新发展阶段，完整、准确、全面贯彻新发展理念，构建新发展格局，坚持系统观念，处理好发展和减排、整体和局部、短期和中长期的关系，统筹稳增长和调结构，把碳达峰、碳中和纳入经济社会发展全局，坚持"全国统筹、节约优先、双轮驱动、内外畅通、防范风险"的总方针，有力有序有效做好碳达峰工作，明确各地区、各领域、各行业目标任务，加快实现生产生活方式绿色变革，推动经济社会发展建立在资源高效利用和绿色低碳发展的基础之上，确保如期达成 2030 年前碳达峰目标。《方案》提出：到 2025 年，非化石能源消费比重达到 20%左右，单位国内生产总值能源消耗比 2020 年下降 13.5%，单位国内生产总值二氧化碳排放比 2020 年下降 18%，为实现碳达峰奠定坚实基础；到 2030 年，非化石能源消费比重达到 25%左右，单位国内生产总值二氧化碳排放比 2005 年下降 65%以上，顺利达成 2030 年前碳达峰目标。相比于 2016 年在签署《巴黎协定》时所定下的自主贡献力度，《方案》提出了更高的标准，向世界发出了积极引领应对气候变化的决心，彰显了大国担当的风范。

思考题和习题

1. 同为电磁辐射的可见光与无线电波有什么不同？

2. 太阳辐射的主要构成是什么？分别产生自太阳的哪些活动？

3. 我国古代记载磁针"常微偏东，不全南也"的著作是（　）。

    A.《梦溪笔谈》   B.《山海经》

    C.《天工开物》   D.《永乐大典》

4. 通过观测木卫一蚀测得光速约为 20 万千米每秒的人是（　）。

    A. 罗默   B. 伽利略

C. 斐索　　　　　　　　　D. 迈克尔逊

5. 下列科学家不认为光是一种波动的是（　　　）。

A. 牛顿　　　　　　　　　B. 胡克

C. 惠更斯　　　　　　　　D. 菲涅尔

6. 发明了第一个验电器的人是（　　　）。

A. 法拉第　　　　　　　　B. 伏打

C. 吉尔伯特　　　　　　　D. 麦克斯韦

7. 波长大于 1 毫米的电磁辐射属于（　　　）。

A. 无线电波　　　　　　　B. 红外辐射

C. 可见光　　　　　　　　D. 紫外辐射

8. 响尾蛇的颊窝可以感知（　　　）波段的电磁辐射。

A. 红外辐射　　　　　　　B. 可见光

C. 紫外辐射　　　　　　　D. X 射线

9. （　　　）公司最早合成了含氯氟烃（CFC）。

A. 通用　　　　　　　　　B. 微软

C. 美孚　　　　　　　　　D. 华为

10. 含氯氟烃最早的工业用途是用于（　　　）。

A. 电冰箱的制冷剂　　　　B. 驱动喷雾器的压缩气体

C. 塑料行业的起泡剂　　　D. 电子器件的清洗溶剂

7 狭义相对论

　　爱因斯坦的狭义相对论建立在很少的几个简单的观念上，其主要原理都是从这几个观念派生出来的。这一理论太不合常理，其结论也违背我们习以为常的认知，对于传统的批判性思考将有助于更好地理解它。本章将先介绍狭义相对论产生的时代背景，以及爱因斯坦和其相对论理论的时代影响，然后讨论狭义相对论的两个基本原理及这一理论的几个重要推论。

7.1 两朵乌云

7.1.1 第一朵乌云

1900 年 4 月，在英国皇家学会的年会上，著名物理学家威廉·汤姆逊（又称"开尔文勋爵"）做了展望新世纪的演讲，题目为《在热和光动力理论上空的十九世纪乌云》。开尔文爵士在回顾了过去的岁月之后，充满自信地说，物理学的大厦已经建立起来，未来的物理学家只需要做些修修补补的工作就行了。同时，开尔文勋爵也说，"（物理学）的美丽而晴朗的天空却被两朵乌云笼罩了"，一朵乌云与黑体辐射有关，是指黑体辐射实验和理论的不一致；另一朵乌云表现在光的波动理论上，主要指迈克尔逊–莫雷实验结果与"以太"漂移说相矛盾。然而不到一年，1900 年底，第一朵乌云就带来了量子论，紧接着在 1905 年，第二朵乌云带来了相对论。经典物理学的大厦彻底被动摇了，物理学发展到了一个更为辽阔的领域。

有关第一朵乌云中黑体辐射问题的研究要从十九世纪下半叶说起。1870 年，在"铁血宰相"俾斯麦的领导下，德国赢得了普法战争的胜利，从法国获得了 50 亿法郎的战争赔款，同时还迫使法国割让了阿尔萨斯和洛林两个省。普法战争使德国完成了政治上的统一，形成了统一的国内市场和独立的经济体系，通过战争赔偿获得了巨额资金和丰富的矿产资源，使统治阶级更加醉心于对外侵略扩张，从而进一步刺激了重工业的发展。重工业的发展离不开钢材，于是怎样提高冶炼技术成为急需解决的技术问题。炼钢的关键是控制炉温。数千度的炉温，无法直接用温度计测量温度。于是人们希望从钢水的颜色来辨认温度，这就大大促进了对黑体辐射，也是对热辐射的研究。

早已完成工业革命的英国，当然也在改进炼钢技术，因此许多英国科学家和德国同行一样，也致力于对黑体辐射的研究。当时一些人认为辐射体是由大量谐振子，例如分子、原子或其他抽象的东西构成。吸收辐射，谐振子振动加强；释放辐射，谐振子振动就减弱。物理学家以谐振子为基础来构造辐射模型。

令科学家们奇怪的是，以构造出的辐射模型算出的黑体辐射曲线都不能与实验曲线相一致。柏林大学的青年科学家威廉·维恩的模型在短波波段与实验符合较好，但在长波波段偏离较大。英国物理学家瑞利和金斯的模型则在长波波段符合得较好，但在短波波段偏离很大，出现发散，即所谓的"紫外光灾难"。这就是开尔文勋爵在皇家学会年会上所提出的第一朵乌云，黑体辐射困难。

1900 年底，德国物理学家普朗克发现，只要认为物质单元（例如原子）吸收或发出辐射时能量不是连续的，而是一份一份的，就可以克服"紫外光灾难"，使黑体辐射的理论曲线与实验曲线相符。普朗克简直不敢相信自己的发现，辐射能怎么可能会是一份一份的呢？以往的物理理论都导不出这一结果，然而，只要这样设想就可以使理论曲线与实验曲线相符。普朗克的这一认识，宣告了物理学的一场革命，普朗克提出了能量量子的概念，给出了著名的普朗克公式 $E = h\nu$。其中 E 是辐射量子的能量，ν 是辐射的频率，h 是一个常量，现在人们把它叫作普朗克常量。普朗克的工作开创了量子论，标志着近代物理学的开始。

然而，普朗克的量子论是不彻底的。他认为原子在发射和吸收能量时是一份一份的，而能量，或者电磁辐射在传播过程中仍是连续的。有人曾经问他，您认为辐射到底是连续的呢，还是不连续的呢？普朗克回答，假设水池边上有一个水缸，有人用小碗从缸中将水一碗碗舀到池子里，那你说水是连续的呢，还是不连续的呢？这段话充分反映了普朗克的看法，也就是说，辐射能本质上是连续的，只是原子在吸收和发射它们时，才是一份一份分离的。

爱因斯坦则进一步发展了普朗克的量子论。他认为，辐射本质上就是一份一份不连续的，不论是在原子发射、吸收它们的时候，还是在传播过程中，它们都是一份一份的。爱因斯坦称它们为光量子，并用光量子说解释了光电效应。普朗克最初反对爱因斯坦的这一观点，他在给维恩的信中就曾写道自己认为爱因斯坦的这一观点肯定是错误的。但随着时间的推移，普朗克终于接受了爱因斯坦的看法。以上所说的就是从第一朵乌云中降生的量子论。

7.1.2 第二朵乌云

第二朵乌云与光的电磁理论有关。观察到光的干涉、衍射现象之后，惠更斯的波动说战胜了牛顿的微粒说。大家都认识到光是一种波动，后来又认识到，光波本质上是电磁波。人们认为，既然光是波动，就应有载体。一些人想到了古希腊学者谈论的"以太"，认为"以太"可能就是光波的载体。在十九世纪下半叶，"以太"理论流行。"以太"被描述成无孔不入、无所不在的东西，充满全宇宙，它轻且透明，而且弹性极好。如果"以太"是光传播的载体，光波就是"以太"的弹性振动。

自然就存在一个问题：当介质运动时，它附近的"以太"是否被带动？天文观测上的光行差现象告诉人们："以太"未被地球带动，迈克尔逊－莫雷实验认为"以太"完全被地球带动，即地球附近的"以太"相对于地球静止。第二朵乌云就是指迈克尔逊-莫雷实验与光行差现象的矛盾。

　　所谓光行差现象，是天文学家早就注意到的一种现象：观测同一星体的望远镜的倾角，会随季节做规律性的变化。这一现象很容易理解。比如，下雨的时候，如果在雨中站立，很自然手中的雨伞要竖直握在手中。当人走动时，手中的伞要倾向于走动的方向，而且走动越快，伞就要越向前倾斜。在雨天乘坐汽车或者高铁的时候，同样会发现雨水在车玻璃上的痕迹是倾斜的，从车辆前进方向的上端斜向玻璃的下端。同样的道理，星光脱离光源星体后，在"以太"中运动的光波就像空气中的雨滴一样。如果地球相对于"以太"整体静止，望远镜只需一直对着指向星体的方向看就可以了。然而地球在绕日公转，也一定在"以太"中穿行，这时"以太"相对于地球的运动，即所谓的"以太"漂移，就像普通风相对于雨伞的运动一样，望远镜必须随着地球运动方向的改变而改变倾角，才能保证观测星体的光总能落入望远镜筒内。

　　光行差现象早在 1728 年就被发现了，此现象表明地球在"以太"中穿行。当时科学界认为"以太"相对于"绝对空间"静止，因此地球相对于"以太"的速度也就是相对于绝对空间的速度。人们非常希望精确地知道这一速度，然而光行差现象的测量精度不够高。于是美国科学家迈克尔逊试图用干涉仪来精确测量地球相对于"以太"的运动速度。

　　如图 7.1 所示，在迈克尔逊-莫雷干涉实验中，A 为光源，D 为半反半透的玻璃片。入射到 D 上的光线分成两束，一束光穿过 D 片到达反射镜 M1，然后反射回 D，再被 D 反射到达观测镜筒 T。另一束光被 D 反射到反射镜 M2，再从 M2 反射回来，穿过 D 片到达观测镜筒 T。把此装置水平放置，v 为"以太"漂移方向，与地球公转方向相反，DM1 沿"以太"漂移方向，DM2 与"以太"漂移方向垂直。

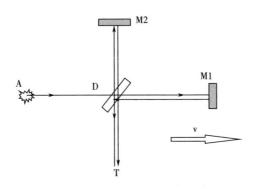

图 7.1 迈克尔逊–莫雷实验示意图

实验中虽然 DM1 与 DM2 距离相同，但光波经过这两段距离所用的时间却由于"以太"的漂移而不同，到达镜筒的两束光存在时间差，光经过 DM1 往返的时间比经过 DM2 往返的时间要长。

迈克尔逊把实验装置在水平面上转了 90°，让 DM2 沿"以太"漂移方向，DM1 则垂直于"以太"漂移方向。这时光经过 DM2 的时间反而比经过 DM1 的时间长。仪器装置转动 90°的结果使到达观测镜 T 的两束光所经历的时间差增加了一倍，这引起了两束光形成的干涉条纹产生相应的移动。遗憾的是迈克尔逊没有测出干涉条纹的移动，在误差精度内，条纹的移动是零！迈克尔逊和莫雷采用多种措施提高实验精度，但结果仍然是零。

光行差现象早已被天文界所确认，与之矛盾的迈克尔逊–莫雷实验又做得非常精密，可信度很高。"以太"怎么可能既被带动又不被带动呢？这就是相对论诞生前夜物理学遇到的一个严重困难，即开尔文所说的两朵乌云中的第二朵。

1905年，26岁的爱因斯坦解答了这个问题。他在一篇名为《论运动物体的电动力学》的论文中提出了开天辟地的新思想，抛弃了"以太"理论和牛顿的绝对时空观。

7.2　爱因斯坦与相对论

开尔文勋爵在英国皇家学会年会上提到两朵乌云的那一年，是1900年。5年后，26岁的爱因斯坦创造了物理学史，也可以说是科学史上的奇迹。1905年是爱因斯坦的奇迹年，他的几篇论文在统计力学、量子力学和狭义相对论等领域都做出了杰出的贡献。

1905年，爱因斯坦除去完成了自己的博士论文以外，还连续完成了4篇重要论文，其中任何一篇都够得上拿诺贝尔奖。6月，他发表了解释光电效应的论文，提出光量子说；7月，他发表了关于布朗运动的论文，间接证明了分子的存在；9月，他发表了题为《论运动物体的电动力学》的论文，提出了相对论，即后来的狭义相对论；11月，他发表了有关质能关系式的论文，指出能量等于质量乘以光速的平方，即 $E=mc^2$，此关系式可以看成是制造原子弹的理论基础之一。爱因斯坦在1905年所取得的成就，在科学史上只有牛顿23岁至25岁在乡下躲避瘟疫那段时间取得的成就可与之相比。

在爱因斯坦提出相对论的划时代的论文中，充满了难懂的革命性的新思想，却只用了当时大学本科学生就能看懂的数学工具，并且没有引用任何参考文献。如果放在今天，这样的文章恐怕很难过审。一般的审稿人不是看不懂其中的物理内容，就是会轻视作者的数学水平，或者因为作者不引用文献而误认为文章的内容跟不上前沿潮流，显得没有水平。爱因斯坦很幸运，这篇文章被送给水平高、思想活跃的普朗克审稿，一下就被推荐发表在德国的物理年鉴上。此后，爱因斯坦又连续发表了几篇论文，建立起狭义相对论的全部框架。

又过了十年，到 1915 年，爱因斯坦进一步提出了广义相对论，把理论物理学升华到了极高的地位，广义相对论成为人类理性思维的巅峰之作。爱因斯坦在广义相对论中提出时空弯曲的思想，建立起了崭新的时空观。相对论的时空观念与人们固有的时空观念差别极大，所以很难被普通人所理解。

在某种程度上，可以说狭义相对论的出现是人类文明发展的必然成果，广义相对论在很大程度上则是爱因斯坦个人天才迸发的结果。如果没有爱因斯坦，很难想象这样一个完全颠覆人类对于时空观认知的理论会在什么时候出现。

人们都称赞爱因斯坦的伟大，但又弄不懂这伟大的内容，有些人不禁想起了十八世纪英国著名诗人亚历山大·蒲柏歌颂牛顿的诗句：

自然界和自然界的规律隐藏在黑暗中，

上帝说，"让牛顿去吧!"

于是一切成为光明。

于是有人在蒲柏的诗句后面续写道：

但并不长久，

魔鬼大喝一声，"让爱因斯坦去!"

于是一切恢复原样。

爱因斯坦出生在德国的一个犹太人家庭，少年时代的爱因斯坦对僵硬乏味的德国教育深恶痛绝。在随父母搬到意大利米兰之后，他从高中退学，而后独自前往瑞士。爱因斯坦 16 岁时转学至瑞士阿劳州立中学，这时才真正感受到瑞士启发教育的可贵。在爱因斯坦的少年和青年时代，他性格中不受拘束、活泼开朗的一面在风气宽松的瑞士得到了最大限度的发挥，他与青年时代朋友们的友谊大都维持了一生，这些朋友也为爱因斯坦提供了莫大的帮助。

大学毕业的爱因斯坦找工作屡屡被拒，当时他给欧洲各个大学的物理学教授写信申请助教工作，但是均不成功，他还试图申请过在保险公司的工作，也没有成功。囊中羞涩的爱因斯坦不得不张贴街头广告，愿意以一小时 3 法郎的价格讲授数学或者物理学。正是通过这种方式他认识了莫里斯·索罗文，这位在智力上给予爱因斯坦极大激励的一生好友。他们之间从没有真正的教学，每次两人见面就一起讨论哲学和物理学问题。到了 1902 年，爱因斯坦、索罗文和另外一个朋友三人共同成立了一个经常见面、以探讨科学和哲学问题为目的的小组，被爱因斯坦戏称为"奥林匹亚科学院"。

这个小组利用休息日或者下班时间，一边阅读一边讨论，内容以哲学为主，也包括物理和数学，讨论的书籍包括恩斯特·马赫的《力学史评》、亨利·庞加莱的《科学与假设》等。小组成员的频繁讨论，无疑为开拓青年时期爱因斯坦的眼界提供了极好的机会。对于当时在学术界找不到位置，只能在伯尔尼专利局做小职员养家糊口的爱因斯坦来说，"奥林匹亚科学院"让他始终保持着对于物理前沿问题的思考。

正是在"奥林匹亚科学院"期间，爱因斯坦开始了对于绝对时间和绝对空间概念的批判性思考，爱因斯坦认为这种思想来自物理学家马赫的实证主义哲学，他甚至自称为"马赫主义者"。在当时的情况下，也只有在"奥林匹亚科学院"这样宽松而活跃的气氛中，爱因斯坦才可能在远离学术界、生活拮据的状态下，进行广泛的阅读和深入的思考。

爱因斯坦曾经说，正是在这样一种环境下，使他得以继续思考其在阿劳州立中学就一直思考的问题："一个人如果以光速运动，那么他会看到什么？"对于这个问题的思考，使他终于能够认识到"同时性"的本质，从光速不变的基础上推导出狭义相对论。在发表了狭义相对论后，爱因斯坦开始对狭义相对论对于惯性系的偏爱感到不满意，他希望能够得出一个更加普通的、针对所有运动形式的理论。

1907 年的某一天，爱因斯坦在伯尔尼专利局的办公室里向窗外凝望，思考如何把相对论扩展到加速运动系中？后来他描述当时的场景说，自己在突然之间就有了一个想法，一个人如果自由下落，他就无法感受到自身的重量。这个想法让他意识到重力和加速度具有相同的本质，阻碍物体运动状态发生改变的惯性质量与一个物体受到引力吸引的引力质量是相等的。

爱因斯坦从第一个假想"一个人如果以光速运动，那么他会看到什么"中理解了光速不变原理，进而发展出狭义相对论。从第二个假想"一个人如果自由下落，他就无法感受到自身的重量"中，他得出了等效原理，开启了创造广义相对论的大门。

相对论在诞生之后极短的时间内就引发了世界性的狂热，并且热度至今不减。一方面，由于这个理论横空出世，它所探讨的是每个人都自认为理解并且熟悉的话题：空间和时间，质量和引力。正是这种大多数人都认为完全没有疑问的领域里，相对论却给出了颠覆性的解释，自然会对世界上的大多数人产生极大的震动。另一方面，相对论引发的轰动在很大程度上也与爱因斯坦的个人偶像效应密不可分。爱因斯坦和相对论在某种意义上已经成为同义词，尤其是广义相对论，其诞生就是爱因斯坦长期独自进行无畏的探索，并且天才迸发最终取得成功的故事。二十世纪初，第一次世界大战阴云笼罩下的欧洲，人们正需要一个充满了个人英雄主义的故事，一个玄而又玄的科学理论，可以让人们把目光从动荡不安、满目疮痍的欧洲移开，转向浩瀚的宇宙。

二十世纪初的人们还未能像今天这样确切地认识相对论。这并不妨碍爱因斯坦声名鹊起，一举成名。各国报刊竞相推崇爱因斯坦和他的相对论，人们评价爱因斯坦的成就：不单是发现一座孤岛，更是扩及整片大陆的科学思维。媒体撰写着"学界革命"，推崇爱因斯坦将与牛顿分庭抗礼。《柏林画报》则用了一个不太谦虚的标题："世界史新巨人爱因斯坦，其发现意味着自然考察的全新转折，可与哥白尼、开普勒和牛顿等量齐观"。

而爱因斯坦突然间登峰造极的名声，也使他很快遭到了德国反犹太组织和民粹组织的反对甚至威胁。在动荡的德国政局中，1933年10月，爱因斯坦永远离开了柏林，前往美国，最终在普林斯顿度过了余生。

7.3 狭义相对论的两个基本原理

7.3.1 相对性原理

宋朝诗人陈与义在诗《襄邑道中》写道："飞花两岸照船红，百里榆堤半日风。卧看满天云不动，不知云与我俱东。"两岸原野落花缤纷，随风飞舞，连船帆也仿佛也染上了淡淡的红色，船帆趁顺风，一路轻扬，沿着长满榆树的大堤，半日工夫就到了离京城百里以外的地方。躺在船上望着天上的云，它们好像都纹丝不动，却不知道云和诗人都在向东前进。

那么这就是一个有趣的问题：躺在船上的人看云是不动的，其实船上的观察者和云一起向东运动。这就是两个不同参考系的观察者对同一运动描述的问题。物理学上把这类问题称为相对性问题。

我们先来看一个例子。假设有甲、乙两个观察者，分别站在地面上和相对于地面匀速直线运动的火车上。处在火车上的乙向着车头的方向抛出一个物体，甲和乙分别测量这个物体的速率，那么他们的答案相同吗？如果答案不同，那么差多少？这个问题涉及两个运动状态不同的观察者。只要甲、乙两人的运动状态不同，我们就说他们在做相对运动。任何一个能够对在做相对运动的观察者的问题给出一个答案的物理理论就是一个相对性理论。

在这个例子中，可以把火车看成是乙的参考系，乙在其中测量抛出物体的速度。地面是甲的参考系，甲在其中测量抛出物体的速度。任何相对性理论都要回答的问题是，在一个参考系中得到的测量结果与另一个参考系中得到的测量结果如何进行比较。至少从伽利略那个时代开始，物理学家们已经在思考这样的问题了。

回到刚才的问题，如果火车相对于地面以 10 米每秒的速率向前运动，乙以相对于自身 2 米每秒的速率向火车前进的方向抛出物体，那么乙测量的抛出物体的速率就是 2 米每秒，而站在地面上的甲测量的抛出物体的速率则是 12 米每秒。也就是说，物体在甲参考系的速率等于物体在乙参考系下的速率加上乙参考系相对于甲参考系的运动速率。这种直观形式的相对性叫作伽利略相对性。

现在再看一个类似的例子，仍然是甲、乙两个观察者，但是以光束代替抛出的物体。前面已经介绍光是电磁波，它以大约 30 万千米每秒的速率运动，通常我们以字母 c 表示这个速率。这个速率非常高，相当于在一秒钟绕着地球飞七圈半。相对于光速，一般物体运动的速度都低很多。想象观察者乙驾驶一艘很快的飞船，以四分之一的光速或者 0.25c 的速率飞过地球。观察者乙手中拿着一个光源，例如一个闪光灯或一台激光器，指向前方。观察者甲站在地球上。相对于两个观察者来说，乙打开激光器后释放光束的速率各是多少？

首先，乙测量光束以光速 c 运动，因为他把光源拿在手中。用运动光源发出的光束做的实验已经多次表明这是对的：运动光源发出的任何一束光总是以速率 c 相对于光源运动。那么甲测量这束光的速率是多少？按照刚才抛出物体速率的测量，似乎应该是 1.25c。这是伽利略相对性给出的答案。但是实验表明这是错的。

第三章介绍伽利略相对性的时候曾经讲过伽利略的一个思想实验，在一个封闭的大船里无法通过力学实验来判断这艘船是静止还是相对地面做匀速直线运动。爱因斯坦把伽利略相对性做了推广。

相对性原理：任何不做加速运动的观察者都观察到同样的自然定律。换句话说，在一个以不变的速率运动的封闭的房子内做的任何实验，都不能告诉观察者是在静止还是在运动。

这就是狭义相对论的相对性原理。

7.3.2 光速不变原理

思考一下爱因斯坦在阿劳州立中学读书时曾问过自己的一个问题：如果能追上一束光同它一起运动，事情将会怎样？在爱因斯坦看来，同一束光一道运动的可能性显得是不可思议，在一个同一束光一起运动的观察者看来，这束光本身是静止的，是一个静止不动的电磁"波"，这是荒谬的！为什么呢？

人们对电磁波的理解，是建立在麦克斯韦的电磁场理论之上的。麦克斯韦理论预言，电磁场中的任何扰动，比如一个带电物体运动引起的扰动，一定会作为一个波以速率 c 通过电磁场向外传播。这个特定的速率嵌在麦克斯韦理论之中，是麦克斯韦理论的必然结果。爱因斯坦相信，麦克斯韦理论像一切其他自然定律一样，也应当服从相对性原理。因此，麦克斯韦的预言在任何一个运动的参考系内都应当是成立的。

但是，如果观察者和一束光一起运动，那么他就会处在这样一个参考系里：这束光是静止的，并以大约 30 万千米每秒的速度传播。由于光速 c 是嵌在麦克斯韦理论之中的，爱因斯坦因此得出结论说，每一个观察者都应该观察到每一束光都以速度 c 运动，而不论观察者的运动状态如何。不论观察者运动得多快，一束光永远以速度 c 相对于这个观察者从他身边经过。如果每一个观察者看到每一束光都以速度 c 运动，那么就没有人能够追上一束光。

这个想法很简单，但是看起来很奇怪。这就是为什么只有爱因斯坦才能想到它的原因。毕竟，常识告诉我们，如果观察者在一束离他而去的光束后面追赶它，从观察者的眼光来看，离他而去的光束的速率一定会小于 c 的。而如果他对着向其而来的一束光跑去，这束向观察者而来的光束的速率一定大于 c 的。爱因斯坦的想法如此奇怪,使得在十九世纪与二十世纪之交时期几位本来可能发现相对论的物理学家竟没有发现它。

爱因斯坦把这作为狭义相对论的第二条重要原理,即光速不变原理:真空中的光速(和其他电磁辐射的传播速率)对一切不做加速运动的观察者都相同,不论光源或观察者的运动状态如何。

光速不变原理和相对性原理一样,只对不做加速运动的观察者才成立。

回到上一节讲到的那个问题,两个观察者甲、乙,观察者乙驾驶一艘速度很快的飞船,以 0.25c 的速率飞过地球,观察者乙手中拿着一个激光器光源,指向飞船运动的前方释放一束激光。观察者甲站在地球上,相对于甲来说,光束的速率是多少?伽利略相对性和我们的直观回答都是 1.25c,但爱因斯坦的相对性则预言答案是 c!不仅如此,如果是观察者甲手里拿着一个激光器,向任意方向释放光束,两位观察者测量光束的速率也都是 c。

为了突出这个原理的古怪性,我们假设观察者乙乘坐飞船的速度是 0.999 999c,观察者甲打开一个激光器,看到光束以速度 c 离开自己。在甲看来,乙的运动只比光束慢一点点,于是他说乙已经接近与光束并驾齐驱了。伽利略相对性预言,观察者乙观察到光束经过自己的速率只有 0.000 001c,这个速率只有 300 米每秒,接近空气中的声速。但是以爱因斯坦的相对性说,乙看到光束正好以速度 30 万千米每秒经过自己身边,尽管在甲看来乙正在以接近光速的速率离开光源。

光速不变原理尽管显得很奇怪,但在实验室里已经被证实。大部分相关的实验涉及的都是快速运动的微观粒子。在 1964 年的一个实验中，一个接近光速运动的亚原子粒子向前和向后都发射电磁辐射。伽利略相对性预言，在实验室测量这两个电磁辐射，向前的辐射应当以比 c 快得多的速率运动，而向后的辐射的运动速率则应比 c 慢得多。但是测量表明，两束辐射相对于实验室都以速度 c 运动。

麦克斯韦和十九世纪很多科学家都相信光波是物质介质中的一种波，正像水波是水中的波一样，他们把这种介质叫作"以太"。没有人曾观察到"以太"，"以太"不可能是由普通的原子构成，因为光波能够穿过实质上不存在原子的外层空间传播。人们把"以太"想成是一种连续的物质，充满整个宇宙，由某种未知的、非原子形式的物质波构成。"以太"理论预言光的速率大约为 30 万千米每秒是光相对于"以太"的速度。于是穿过"以太"运动的观察者应当会测量到光束的别的速率，其值依赖于观察者穿过"以太"的速度和光束的方向。

迈克尔逊和莫雷在 1887 年设计了精巧的实验来寻找这个速度，但实验却表明一切观察者看到光有同样的速度，这同"以太"理论不符合。迈克尔逊和莫雷对在不同方向运动的光束的速度进行了精确的比较，由于认为他们的实验室穿过"以太"运动，他们预言在不同方向运动的光束相对于实验室会有稍微不同的速度。但是，他们发现的却是，一切光束相对于他们的实验室的速度相同。迈克尔逊和莫雷没有看出这个实验的基础性含义，他们感到很失望，因为他们"未能"探测出预期的速度差异。实际上，他们的实验是指向一个新事实的重大突破，也就是相对于一切观察者光的速度都相同。

虽然迈克尔逊-莫雷实验对爱因斯坦的关键想法提供了直接支

持，但爱因斯坦并没有怎么注意这个实验。对爱因斯坦来说，相对于一切观察者来说光应当有同样的速率，似乎是一件显然的事情。别的物理学家哪怕有迈克尔逊-莫雷实验也拒绝光速不变的观念，而爱因斯坦尽管没有注意到迈克尔逊-莫雷实验的证据，却承认光速不变。

爱因斯坦理论和"以太"理论是矛盾的，从而在根本上推翻了光波是实物介质中的波的观念。因此，光波和其他电磁波必须是非实物的。自从爱因斯坦起，人们把电磁波看成是电磁场的振动，而电磁场不是由任何实物构成的，这和牛顿物理学的机械唯物主义世界观形成了鲜明的对照。

怎么证明这个古怪的光速不变原理是正确的？大量的实验表明，每一束光都以速度 c 运动，不论光源或者观察者的运动状态如何。尽管这个古怪的观念与人们预先的信念不同，但是决定科学真理性的是对自然的观察，而不是抱有预先的信念。人们关于运动的先入之见是建立在对运动速度远远小于光速的物体的观察上的，它们在这种速度上是接近于正确的。但是在更高的速率上，先入之见就根本不对了。

这两节的内容，相对性原理和光速不变原理是爱因斯坦理论的基础，可以看成是狭义相对论的两条基本定律。它们在相对论中所起的作用等同于牛顿定律在牛顿运动和力的理论中所起的作用。这两条原理构成了理论的逻辑基础，理论的其他内容都由它们导出，而它们本身的正确性则由观察证实。

爱因斯坦在此基础上建立起来的理论被称为狭义相对论，以区别爱因斯坦的另一个相关的理论——广义相对论。广义相对论的突出特点是它允许观察者做加速运动，因此它是一个比狭义相对论更普遍的理论。虽然地球也是一个加速参考系，但其加速度如此之小，使得狭义相对论的预言对任何以地球为基础的观察者都是良好的近似值。

本章接下来将探讨狭义相对论的重要预言：时间的相对性、空间的相对性、质量的相对性、c是速度的极限以及质能关系 $E = mc^2$。

7.4　狭义相对论的重要推论

7.4.1　时间的相对性

速度是指运动物体在单位时间里走了多远，因此速度的测量是和空间和时间紧密联系的。光速不变原理则表明，人类对于空间和时间的直观观念存在问题。

时间虽然是与生活息息相关的，但仔细推敲就会发现根本抓不住时间这个"东西"，思考"什么是时间"，就像在思考虚无一般。大约在公元400年，古罗马神学家圣奥古斯丁曾经说过："如果你不问我什么是时间，我对它倒还能够意会；你一问我，我就不知道该怎么言传了。"人们自以为了解什么是时间，但是，每当开始对时间认真思考时，它的意义便模糊起来。由于身处时间之中，人们无法在一段距离之外看它的真面目。就好像"横看成岭侧成峰，远近高低各不同。不识庐山真面目，只缘身在此山中"。

因此，尝试对时间进行定义，常常成为一个循环定义，隐隐地使用时间的概念来定义时间。牛顿避开了对时间的定义，他说："我不对时间、空间、地点和运动下定义，因为它们是人人熟知的。"牛顿认为时间是绝对的，"绝对的、真正的和数学的时间自身在流逝着，而且由于其本性在均匀地、与任何外界事物无关地流逝着，又可名为——持续性；相对的、表观的和通常的时间是持续性的一种可感觉的、外部的、通过运动来进行的量度，人们常常用这种量度，如小时、日、月、年来代替真正的时间"。

爱因斯坦则认为时间是物理性的，是物理世界的一部分。正像人们能够测量一块石头或一束光的性质一样，也能测量时间的性质。那么应当怎样来测量时间呢？对这个问题的回答看起来很简单，测量时间当然用时钟，但这一回答却蕴含着比它表面更深刻的含义。我们测量时间的唯一方法是用真实的、物理的"时钟"，这里说的时钟指的是任何现象，它们具有某种重复性，比如一个来回摆动的摆、地球绕太阳的公转等。

从物理学的观点来看，一个时钟的概念实际上定义了时间。因此，为了研究时间的性质，我们必须研究时钟。时钟实际是怎样运作的？爱因斯坦设法只从狭义相对论的两条基本原理出发，来解释时钟的性质。

爱因斯坦进行了一个简单的思想实验，发明了一个简单的时钟。如图7.2所示，爱因斯坦设计了一个光钟。光钟不含机械运动部件，唯一的运动是一束光的运动。两面平行的反射镜面对面摆放，一个在上一个在下，一束光在它们之间跳上跳下，来回反射。想象两面镜子相隔15万千米，这样光束完整来回一次的时间正好是1秒。这是因为依据光速不变原理，一切光束在1秒钟里走30万千米。可以假设，这个光钟在每次来回反射结束都会滴答响一次。

在地面上的观察者甲的实验室里安装一个光钟，在观察者乙乘坐的飞船里也安装一个光钟。先观察乙的光钟。乙看到自己的光钟的光束直上直下地来回跳，每滴答一声走过30万千米。由于乙乘坐

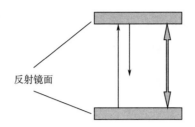

图 7.2 爱因斯坦设计的"光钟"

的飞船在向前运动，所以对于地面的观察者甲来说，他看到的乙的光束的前端不只是上下运动，还要向前运动。因此在甲看来，乙的光束的前端是沿着一条对角线路径运动（见图 7.3）。

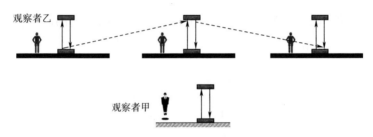

图 7.3 观察者甲看到的观察者乙携带的光钟里光线的运动

图 7.3 中给出了甲看到的三个时刻乙所乘坐飞船的位置，分别是乙的光束的前端位于下面镜子的镜面、当它向上运动到上面镜子的镜面，以及当它回到下面镜子的镜面时。由于两面镜子之间的距离是 15 万千米，由图 7.3 可以看到，沿着一条虚线的距离必定大于15 万千米。这意味着，按照甲的测量乙的光束来回一次走过的总距离必定大于 30 万千米。这是显然的！

但是，根据光速不变原理，甲观察到乙的光束也正好以 30 万千米每秒的速度运动，由于甲观察光束来回距离大于 30 万千米，因此，在甲看来，乙的光束来回一次花的时间应大于 1 秒。因此，甲用他的钟测量出，乙的钟两次滴答之间流逝的时间多于 1 秒。甲认为，乙的钟走得太慢。观察者乙的 1 秒不同于观察者甲的 1 秒。两个观察者对同一事件，也就是乙的光束的一次来回，测出的时间间隔不同。

时间是相对于观察者的。

我们再反过来看。甲、乙两个观察者对于甲的钟又怎样看呢？在甲看来，自己的钟的光束来回一次走 30 万千米，需要 1 秒时间。但是在乙看来，甲的钟也在运动，因而甲的光束来回一次走过的总距离大于 30 万千米。但是因为乙看到甲的光束是以 30 万千米/秒的速度运动，他必定观察到，甲钟的两次滴答之间流逝的时间多于 1 秒。乙认为是甲的钟走慢了。

日常经验下，如果以两个时钟中的一个作为标准，另一个走得慢了的话，以这个慢了的时钟作为标准，原来那个时钟一定是走得快了。而前面的分析中，甲、乙都观察到了另一个人的钟走得慢，如果读者纠结于谁的钟是真正走得慢，谁的钟真正准确，那回答是，甲、乙两个人都正确。甲观察到乙的钟变慢了，乙观察到甲的钟也变慢了，两个观察结果都准确。这种情况不是由不准确的钟引起的，这是时间本身的一种属性。宇宙中并没有一个单一的真实时间，并没有普适时间，只有甲的时间和乙的时间，以及其他一切可能的被某个观察者观察到的时间。

定量描述时间相对性就会发现在观察者相对运动的速率不太大的情况下，这种时间的相对性并不明显（见表 7.1）。比如在人造地球卫星的速率下（10 千米~20 千米每秒），引起的相对时间的变化不足十亿分之一，基本上可以忽略不计。直到速率达到 0.1c，这种

效应才达到千分之五。但是在速度越来越接近光速时，这种效应就
会变得很大，比如在 0.999c 的速率下，观察者甲和观察者乙的 1 秒
由另一个观察者测量将长达 22 秒。

表 7.1　一秒在观察者不同的相对速率下的时间延缓

相对速率 （千米/秒）	相对速率 （和光速 c 之比）	观察者测量得到的相对于他运动时钟 的一次嘀嗒声的时间长度
0.3	0.000 001	1.000 000 000 000 5
3	0.000 01	1.000 000 000 05
30	0.000 1	1.000 000 005
300	0.001	1.000 000 5
3 000	0.01	1.000 05
30 000	0.1	1.005
75 000	0.25	1.03
150 000	0.5	1.15
225 000	0.75	1.5
270 000	0.9	2.3
297 000	0.99	7.1
299 700	0.999	22.4

时间的相对性也叫时间延缓。因为一个运动时钟上 1 秒的时间
间隔由另一个相对时钟运动的观察者来测量就膨胀或延缓为多于 1
秒。虽然我们研究时间的相对性用的是光钟，但所得结论对每种时
钟都成立。爱因斯坦之所以考虑光钟，只是为了弄清楚他理论中的
两条原理在时间方面有哪些含义。每种时钟的行为必定和光钟的行
为相同，因为它们测量的是同一对象——时间。

7.4.2　时间旅行

上一讲我们已经介绍了时间的相对性，我们采用爱因斯坦的光
钟来分析就发现宇宙中并没有一个单一的真实的时间，并没有普适

时间，不同的观察者有不同的时间。

我们用一个小白鼠来代替上一讲中的光钟。假设某实验室培育了一种小白鼠，其寿命保证为 10 天。生物学寿命也发生在时间之中，因而这些小白鼠也可以想象成一种时钟。因此，如果观察者乙乘坐速率为 0.75c 的飞船从观察者甲身边经过，根据时间延缓效应相对时间的变化将增大 1.5 倍，所以甲会说乙的小白鼠存活了 15 天，而甲自己的小白鼠只活了 10 天。乙看到的结果是自己的小白鼠活了 10 天，而甲的小白鼠活了 15 天。每个人都看到自己的小白鼠先死。而两个观察者都是准确的。

读者可能疑惑究竟是谁的小白鼠先死？但是当产生"究竟谁的小白鼠先死"疑问的时候，我们其实还是坚信只有一个单一的、普适的、"真实的"时间。但是并没有这样一个时间。有的只是观察者甲的时间、观察者乙的时间和每一个其他观察者的时间。

通过观测快速运动的亚原子粒子，时间的相对性已经在实验室里一再被证实。一个和小白鼠的例子类似的实验涉及一种亚原子粒子 μ 子。μ 子有一个"寿命"，此后会自发蜕变为别的粒子。如果一个 μ 子相对于观察者静止，那么观察者测得它的寿命只有 2.2 微秒。但是一个相对于观察者快速运动的 μ 子，由于时间延缓，观察者测量出的它的寿命却要长很多。例如，在高能物理实验室中 μ 子常常以接近光速运动，速率可以达到 0.99c，这时它的寿命将延长 7.1 倍，于是它会在 15.6 微秒之后才蜕变。而且实验观察到运动的 μ 子寿命正好延长了所预测的结果。

接下来我们考察观察者甲、乙两个人的寿命长度。

假设观察者甲、乙出生在同一时刻并且他们的寿命是 80 年。换句话说，甲观测到自己的寿命是 80 年，乙观测到自己的寿命也是 80 年。如果两个观察者毕生都以 0.75c 的速率彼此相对运动，那么通过时间延缓，观察者甲的后代用观察者甲的钟测量，乙已有 120 岁。而观察者乙的后代则用乙的钟测量，甲已有 120 岁。

按照甲的看法，乙在甲的时间测量体系每 1.5 年中只长 1 岁，甲只活了 80 个甲的时间年就死了，乙则活了 120 个甲的时间年才死。而且按照乙的看法，这一切都倒过来的。而他们两个人都是正确的，真是不可思议！

这就引出一个令人困惑的问题。假设甲、乙同时出生在地球上，比如他们是一对孪生子，然后乙登上一艘飞船，用很快的速率飞到一个遥远的星球，然后回到地球上。这一过程与刚才分析的不同，因为现在甲、乙开始和结束时都是在一个参考系中。一旦他们回到一起，他们一定会对谁年龄更大有一致的看法，因为在任一个参考系中，只有一个单一的时间。这一对孪生子中哪个年龄更大一些，还是他们的年龄是一样大？

前面我们已经说过，狭义相对论只适用于非加速的观察者。但是在刚才的情景中，乙必须先离开地球，进行剧烈的加速，转过弯飞回地球，然后再慢下来停在地球上。由于这一次旅行必然包括三次剧烈的加速过程，因此狭义相对论不适用于乙的观察。

但是狭义相对论的确适用于甲的观察，因为他并没有加速。我们看到，狭义相对论预言甲观察到乙在他的整个旅程中老得慢，因为乙相对于甲在运动。例如，如果乙以 0.75c 的速率运动，甲将观察到，乙的每一年相当于自己的 1.5 年。如果甲测量出乙的旅行花了 60 年，那么甲观察到乙的时间只流逝了 60/1.5 年，也就是 40 年。

因此甲看到，当他们又在地球上相见时，自己是 60 岁，而乙只有 40 岁。而此时乙的观察也必定与此一致，因为甲、乙二人现在是在同一参考系中。

这个结论已在实验中得到验证。把原子钟放置在喷气式飞机上环绕地球飞行。虽然狭义相对论预言的由此产生的时间差只有很小的一点，但是我们可以用高精度的钟把这个时间测量出来。正如理论预言，做过这种旅行的钟在回来后比那些待在实验室里没有"旅行"的钟"年轻"一些，也就是钟滴答的次数少一些，流逝的时间的定量差别与理论预测的完全相同。

我们来看一个更让人惊讶的可能性。

假设有父子二人。父亲离开地球到织女星去，织女星是一颗和太阳相似的恒星，比较靠近太阳，可能也带有一个行星系。地球到织女星的距离是 26 光年，1 光年是光走 1 年的距离，也就是说光从地球到织女星得花 26 年时间。

假设父亲乘坐的飞船的平均速率极大，达到 0.999c。他在环绕织女星的一颗行星上待了 3 年然后回家。由于他的旅行的速率接近光速，在地球上测量起来，他的单程旅途花的时间比 26 年略多一点点。因此从地球上看，他一共去了大约 55 年多一点。假设父亲离开地球时 30 岁，而儿子 5 岁，那么当他回来时儿子将是 60 岁。但是父亲将不再是比儿子大 25 岁。根据狭义相对论的时间延缓，在父亲以 0.999c 进行太空旅行的 52 个地球年中，地球时间每 22.4 年他只老 1 岁。因此他在 52 个地球年里只老了 52/22.4 = 2.3 岁。包括在织女星上度过的 3 年，他在整个旅行中只老了 5.3 岁。因此他回来时年龄将是 35.3 岁，而儿子却是 60 岁了。

在这个旅行中，父亲对未来做了一次旅行，只要飞行得更快，比方说速率达到 0.999 9c，他还可以深入未来更远，走进未来成百上千年。但无论怎样快，他都不能再回到他告别的过去。

时间延缓使人类可以在人的一生的寿命期限内旅行到遥远的星球。假设你要以相对于地球为 0.999c 的速率去一个离地球 200 光年的星球。虽然在地球钟上测量这次旅行用了 200 年多一点时间，但是在你的飞船里测量，这只用了你 200/22.4≈9 年时间。在你到达这个星球时，地球上的时间已经流逝了两个世纪。即使你立即启程赶回地球，你也是在往返旅途上做一次长达四个世纪的时间旅行，而你只长了 18 岁。

7.4.3　空间和质量的相对性

什么是空间？正如时间是"用钟测量出的东西"一样，空间是用尺子测量出的东西。观察者应当进行什么操作来测量某个物体的长度呢？对于相对被测物体是静止的观测者，办法是沿物体一端放一根测量米尺并且比较物体的两端与尺上的刻度。

如果被测物体相对于观测者是运动中呢？这时观测者应当继续使用固定在他的参考系中的米尺，因为他想要知道的是运动的物体在他的参考系中测量的长度。如果待测量的长度沿着运动方向，观测者对物体两端的位置的测量必须同时进行，否则在两次测量之间的时间差里，物体的位置将会移动，因而观测者将测量不到真正的长度。为了保证对物体前后两端的位置测量是同时的，观测者必须用两个钟对比测量，每个端点一个。这意味着对一个运动物体的长度的测量同时间的测量搅和在一起了。

时间和空间是彼此纠缠在一起的。

既然时间是相对的，那么也可知空间是相对的。爱因斯坦的狭义相对论预测，观测者甲观察到物体沿其运动方向的长度，要比和物体一起运动的观测者乙测量到的长度短。这个效应叫作长度收缩。在运动方向的垂直方向上则没有长度收缩。

与时间延缓一样，长度收缩效应也是双向的：两个观测者都发现对方待测物体的长度缩短了。图 7.4 中画的是一个 1 米长的物体，放在平行于其运动的方向，相对物体以不同速率运动的观测者，在狭义相对论预言下测量它的长度。像时间延缓一样，长度缩短在速率低于 0.1c 时很难检测出来，但是在较高的速率上则变得很明显。

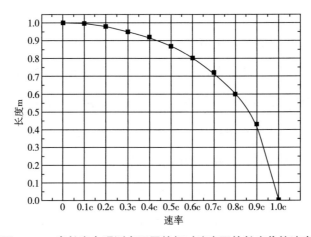

图 7.4　一米长度在观测者不同的相对速率下的长度收缩速率

长度缩短并不是只发生在米尺上。由于空间是由米尺定义的，因此是空间本身在缩短。正如观测者乙的时间流逝不同于观测者甲的时间流逝一样，我们必须说"观测者乙的空间"和"观测者甲的空间"，而不是只存在一个单一的、普适的空间。对于不同的观测者，空间是不同的。空间也是相对的。

爱因斯坦的光速不变原理几乎影响到物理学中的每一样东西，

包括牛顿运动定律。依据牛顿运动定律，一个物体的加速度等于施加在物体上的净力除以物体的质量，也就是 $a = F/m$。这意味着，如果对一个物体施加一个不变的力，这个物体应该会保持一个不变的加速度。最终，这个物体要被加速到以光速运动，并且持续施加这个力，物体仍然会继续加速。物体的速度可以赶上并且超过一束光。因此牛顿运动定律和相对论是不相容的。

显然，相对论对牛顿运动定律的改变，应当会阻止把物体加速到光速。为了描述牛顿运动定律的变化，我们想象两个相对匀速直线运动的观察者甲、乙各有一个完全相同的 1 千克的物体，如果甲用 1 牛顿的力推自己带的物体，甲会发现他的物体得到的加速度正如牛顿运动定律所预测的是 1 米每平方秒。如果观察者乙带着自己的物体正经过观察者甲身边，甲再用同样 1 牛顿的力去推观察者乙的物体，牛顿运动定律预测得到的加速度也将是 1 米每平方秒，但是相对论预言观察者乙的加速度小于 1 米每平方秒。

与别的相对论效应一样，这个效应通常在速率小的情况下可以忽略不计，但是在与光速可比较的速率下就很明显。从观察者甲的观点来看，1 牛顿的力作用于两个物体上产生的加速度不同，观察者乙所带的物体产生的加速度小于甲自己的物体产生的加速度。从甲的观点看，观察者乙带的物体比甲自己带的物体有更大的惯性，但是这等于说观察者乙带的物体有更大的质量，因为质量的基本意义就是"惯性的大小"。

换句话说，观察者甲测量到观察者乙带的物体比他自己的物体有更大的质量，尽管它们是完全一样的物体。和其他的相对论效应一样，这个效应是双向的，相对观察者乙，乙自己带的物体的质量是1千克，但是观察者甲带的物体的质量却大于1千克。

这是狭义相对论两个基本原理的另一个推论：质量是相对的。一个物体的质量随其速率的增大而增大，因此不同的观察者对同一物体测量到不同的质量。需要明确的是，在狭义相对论中，一个物体的质量（或者惯性）随着它的速率增大而增大，但它仍然包含着同样那些原子，因此物体的"物质的量"并不增加。在牛顿物理学中，质量和"物质的量"可以看作是相同的，但在相对论中的质量不再意味着物质的量。可以用"静止质量"来表示物体所含的物质的量，静止质量也就是一个观察者在相对于物体静止的参考系中所测得的该物体的质量。例如，在前面所举例中，观察者甲、乙各自携带的物体的静止质量是1千克，这里的1千克就是指这个物体的物质的量的多少，无论观察者是谁，结果都是1千克。但是，一个物体的质量则是它所拥有的惯性的大小，对不同的观察者它是不同的。一个运动很慢的物体的质量和静止质量实质上是相同的，但是一个高速运动物体的质量要比它的静止质量大得多。

在高能物理学实验中，相对论效应下的质量增加是司空见惯的事。一个亚原子粒子可以加速到接近光速的速率，使得它的质量比其静止质量大几千倍。人们可以对一个快速运动的粒子施加电力或磁力，以弯曲它的路径，并通过测量所得路径的曲率来监测相对论预测下的质量增加。如果快速运动的粒子真的有更大的质量，那么粒子相应就具有更大的惯性去保持其沿直线运动，粒子的路径就会弯得少一些。测量表明，快速运动的粒子路径的曲率要比不存在相对论质量增加的情况下弯得少一些，并且弯曲的程度与爱因斯坦预言的一致。

相对论性质量增加说明了为什么不能把物体的运动速度加速到光速。在高速下，一个物体的质量变得非常之大，并随着速率趋近于 c 而无限增大。最终要使得对物体进一步加速所需要的力也变得如此之大，而外界根本无法提供这么大的力。因此只有光本身始终以光速 c 运动。事实上，光绝不以小于 c 的速率运动，当我们打开灯时，产生的光并不是从零加速到光速 c，相反，它在产生的那一刻便精确地以光速 c 运动。

光和任何实物物体都不同。当把一个实物物体放在观察者面前时，物体有静止质量。但光束必定没有静止质量，因为如果它有，那么相对论质量增加将使它们以光速运动时的质量变成无穷大。任何以速度 c 运动并且没有静止质量的东西，都属于辐射一类。实物有静止质量，运动速率永远达不到光速；而辐射没有静止质量，永远以光速运动。

7.4.4 质能关系

这一节，我们谈谈质能关系，也就是 $E = mc^2$。北京的珠市口附近有一座行人过街天桥，桥上就挂着质能关系公式和万有引力公式，以及数学上的拉格朗日中值定理的公式，这座天桥又常被人称为"数学桥"或者"时空桥"。爱因斯坦把 $E = mc^2$ 这个公式看作狭义相对论最重要的推论之一。

对一个物体加速，物体的动能就增加，而且在上一节也谈到质量的相对论效应，随着一个物体的加速，它的质量也会增加。因此至少就动能的情形而言，能量增加和质量增加是同时并进的。爱因斯坦从相对论和能量守恒定律出发，发现质量和各种形式的能量都以这种方式相联系。也就是说，一个物体既可以通过加速使其获得动能来增加其质量，也可以通过举高它给它引力能，加热它给它热能，拉伸它给它弹性能，或者给予它任何形式的其他能量，从而增加这个物体的质量。这听起来让人感觉很惊奇。如果我们拉伸一根橡皮筋，橡皮筋的弹性势能增加了，但是橡皮筋还是那个橡皮筋，我们并不会认为它的质量也增加了。

这是一个新结论：一个系统的能量的任何增加，都会带来它质量的增加。

爱因斯坦的分析得出一个简单的公式，它把质量的变化和能量的变化定量地联系起来。这个公式是：质量的变化=能量的变化/光速的平方。举个简单的例子，假如我们把 1 千克的物体从海平面高度搬到北京香山的最高峰（海拔大约 560 米），这 1 千克质量的物体因此增加的引力势能将使其质量增加 0.000 000 000 000 062 千克！因为增加得很少，这也就是在爱因斯坦之前没有人注意到相对论中质量增加的原因，因为人们根本没注意到质量的变化。

再举个质能效应比较明显的例子。原子核的核反应和化学反应类似，只是它们涉及自然界中最强的力，即在原子核内作用的力，核反应中发生变化的是原子核的结构，而化学反应中变化的是原子核外电子的轨道。在以铀元素为核反应材料的原子弹中，铀元素会发生一种叫作核裂变的核反应，反应中每个铀原子的原子核都发生变化，铀原子核会分裂成两个重量较轻的不同元素的核。核裂变中产生的热能比任何化学反应中产生的热能都大得多，因此反应前后静止质量的损失也要大得多。如果 1 千克铀发生裂变，铀的静止质量损失大约是 0.001 千克，也就是 1 克，静止质量减少了 0.1%。通过实验检验，发现实际结果跟狭义相对论的理论预测的结果一致。

　　经典物理学中讲"物质守恒"，也就是说在一切自然过程中静止质量都守恒。从古希腊唯物主义者的时代起，大部分科学家就认为物质是不可摧毁的，虽然它的形式可能改变，它的总量不会变化。十九世纪的化学家们进行了高精度的质量检测，发现即使在高能化学反应中，物质静止质量也守恒。但是爱因斯坦的相对论否定了物质守恒。不论是在化学反应中，还是在其他能够改变能量的过程中，物质（静止质量）都不守恒。只是在这些过程中涉及的能量变化不大，因此所引起的物质静止质量的变化是如此之小，是实验检测不出来的。但是在像核裂变这样的高能过程中，静止质量的变化大到可以检测出来了，其结果表明物质（静止质量）并不守恒。

　　爱因斯坦相信质量变化和能量变化之间的关系，还可以进一步推广到任何系统的全部质量和对应能量之间的关系。也就是有：任何系统的总质量＝该系统的总能量/光速的平方，即 $m = E/c^2$，这就是著名的质能关系式 $E = mc^2$。因此，一切能量都有质量，并且一切质量都有能量。

　　按照爱因斯坦质能关系理论，应当存在某一物理过程，能够从质量为 m 的物体获得 mc^2 的能量，正反粒子的湮灭过程就是这样的一个典型过程。除了构成通常物质的质子、中子和电子之外，物理学家还发现了另外三种实物粒子，分别叫作反质子、反中子、反电子。反电子又称正电子，最早是由英国物理学家狄拉克于 1928 年预言提出的，1932 年美国物理学家安德森在研究宇宙射线的过程中发现了反电子，并因此获得 1936 年的诺贝尔物理学奖。安德森在研究宇宙射线对铅板的轰击时，用威尔逊云室拍到了一种奇特的与电子的轨迹十分相似的粒子轨迹，但是这种粒子偏转的方向却和电子轨迹相反（见图7.5）。安德森经过对它的质量和电荷量的计算，认定这不是带正电荷的质子，而是带正电荷的电子。

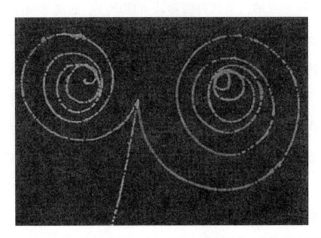

图7.5 正电子与电子的轨迹十分相似，但是偏转的方向却和电子相反

其实早在1929年底，在美留学的中国籍青年物理学家赵忠尧在一次实验中率先发现了正负电子的湮灭。安德森在后来的回忆中也曾说，当他的同学赵忠尧（俩人当时都在加州理工学院学习）的实验结果出来的时候，他正在赵忠尧的隔壁办公室，当时他就意识到赵忠尧的实验结果已经表明存在着一种人们尚未知道的新物质，他的研究是受赵忠尧的启发才做的。

如果把一个这样的反电子带到一个电子附近，两个粒子就会完全消失而产生高能辐射。这是一个实物不守恒的极端例子。实物完全消失，被高能辐射取代。其他的正反粒子之间也会发生相同的湮灭过程。而且，测量这个辐射的能量后，人们发现这个能量等于一对粒子的总质量乘以光速的平方。

质能关系公式，简单而玄妙，但很容易被人误解。大部分混乱来自对质量（惯性）和静止质量（实物）两个概念的混淆。比如，有人误认为爱因斯坦质能关系式意味着"质量并不总是守恒",实物（静止质量）的确并不总是守恒。但是质量（惯性）永远是守恒的,因为质量等于能量除以光速的平方,而能量永远是守恒的。又如,有人认为爱因斯坦质能关系式意味着"质量可以转化为能量",静止质量（实物）的确可以转化为非实物形式的能量,例如辐射,但是质量（惯性）是守恒的,绝不会转化为别的什么东西。例如在正反电子湮灭中,粒子对的质量正好等于所产生的辐射的质量,但是静止质量（实物）则被摧毁了,被转化为辐射。所以,我们谈到"质量"一词时,一定要注意区分。爱因斯坦的想法是质量和能量是同一样东西,只是以不同的单位测量,因而导致测量结果差一个因子,也就是c^2。

我们把质量、能量的关系总结为如下几点。

质能等价原理:能量有质量;这就是说,能量有惯性。质量有能量;这就是说,质量有做功的本领。任何系统的能量和该系统的质量之间的定量关系是$E=mc^2$。

质能等价关系意味着和牛顿物理学的物质观的一次尖锐的决裂。牛顿物理学追随古希腊的机械唯物主义哲学家,认为物质是由坚不可摧的原子和原子之间的空虚构成的,相信物理世界中发生的每一件事都由在虚空中运动的、不可摧毁的原子之间的相互作用决定。在原子层级的质能关系上,由于一切能量都有质量,一个原子的质量中的若干一定来自它的各部分,电子、质子和中子的动能,以及它的各种电磁场和核力场。但是这些就是全部吗?原子是仅仅由场和运动构成的吗?如果是这样,那么原子就不仅大部分是空虚的空间,而且整个原子都是空虚的空间,仅由这些场以及这些场的运动组成。

高能物理学的研究已经发现，质子和中子是由三个更小的叫作夸克的粒子构成的。由于夸克粒子相互施加极大的力，它们的力场中的能量也是巨大的。事实上这些场的能量已足以说明质子或者中子的质量的 90%。而寻常物质的质量的 99% 都来自质子和中子，这个结果意味着寻常物质的大约 90% 的质量来自非实物的场和运动的能量。这个观点虽然还没有得到证实，但其余的 10% 也可能与此相似。量子场论中提出的标准模型理论认为在整个宇宙中充填着"希格斯场"，并且预言希格斯场将会用粒子（电子、夸克等）与希格斯场相互作用所包含的能量来说明剩余的 10% 的质量。在这种观点下，一切质量都来自力场的能量。

思考题和习题

1. 实物和辐射有什么区别？

2. 一个电子和一个正电子发生湮灭的过程中能量守恒吗？质量守恒吗？静止质量守恒吗？

3. 下列哪个现象与迈克尔逊–莫雷实验结果相矛盾？（　　）

A. 光行差现象　　　　　　B. 丁达尔效应

C. 光的色散　　　　　　　D. 波粒二象性

4. 1902 年爱因斯坦和几个志同道合的朋友组成了一个讨论科学和哲学问题的小组，爱因斯坦戏称其为（　　）。

A. 奥林匹亚科学院　　　　B. 神盾局

C. 兄弟会　　　　　　　　D. 皇家学会

5. 如果你在一艘相对地球以 0.25c 运动的飞船上向后发射一束

激光，地球上的人测量发现这束激光的速度为（　　）。

　　A. 0.75c　　　　　　　　　B. 1.25c

　　C. c　　　　　　　　　　　D. 条件不足，无法测出

　　6. 如果你在一艘相对地球以 0.25c 运动的飞船上向前发射一束激光，地球上的人测量发现这束激光的速度为（　　）。

　　A. c　　　　　　　　　　　B. 1.25c

　　C. 0.75c　　　　　　　　　D. 条件不足，无法测出

　　7. 观察到某一快速运动的粒子的寿命为 2 秒，如果相对粒子静止，它的寿命将（　　）。

　　A. 小于 2 秒　　　　　　　　B. 大于 2 秒

　　C. 等于 2 秒　　　　　　　　D. 条件不足，无法测出

　　8. 1900 年，开尔文勋爵所说的物理学上空的两朵乌云，一朵与迈克尔逊-莫雷实验有关，另一朵与（　　）有关。

　　A. 黑体辐射　　　　　　　　B. 光的散射

　　C. 光的干涉　　　　　　　　D. 热机效率

　　9. 1905 年，爱因斯坦发表的论文（　　）中首次提出了狭义相对论。

　　A.《论运动物体的电动力学》

　　B.《统一场论》

　　C.《由毛细管现象得到的推论》

　　D.《分子大小的新测定方法》

　　10. 爱因斯坦认为他对于绝对空间、绝对时间的批判性思想来自（　　）。

　　A. 马赫的实证主义　　　　　B. 笛卡尔的自然哲学

C. 康德的古典哲学　　　　　　D. 培根的经验论哲学

11. 狭义相对论的重要推论不包含（　　）。

A. 空间弯曲　　　　　　　　B. 时间延缓

C. 质能等价　　　　　　　　D. 空间收缩

8 广义相对论

美国物理学家约翰·惠勒曾经这样论述广义相对论："物质告诉空间如何弯曲，空间告诉物质如何运动。"这一简短描述隐藏了一个极为复杂、深刻的理论，这一理论是爱因斯坦狭义相对论的延伸，被称为"科学中的革命""新的宇宙理论"，被认为推翻了牛顿的思想。广义相对论是现代物理学的主要组成部分，它基于空间的弯曲来解释力，将引力与时空的几何变化联系起来，其对于我们日常熟悉的时空、运动概念的重构，使这一理论充满了神秘色彩。本章将简单介绍广义相对论的理论及其建立之初带来的社会冲击。

8.1 狭义相对论的两个困难

1905 年，爱因斯坦发表了关于狭义相对论的论文，全世界都为这一理论所震撼并争论不已。虽然当时很多科学家都对这一理论表示支持，但是也有很多学者提出了疑问和反对。爱因斯坦虽然对自己的理论很有信心，但他同时也冷静地看到了自己理论的缺陷。

狭义相对论的第一个困难是作为相对论基础的惯性系，现在无法定义了。在牛顿经典时空观里存在绝对空间，所有相对于绝对空间静止和做匀速直线运动的参考系都是惯性系。在爱因斯坦的相对论里不存在绝对空间，牛顿定义惯性系的方法显然就不适用了。一个可能的建议是把惯性系定义为不受力的物体在其中保持静止或匀速直线运动的参考系。但是，什么叫不受力呢？也许可能说，物体在惯性系中保持静止或匀速直线运动的状态就是不受力。这就存在一个逻辑上的循环。定义惯性系要用到不受力，定义不受力又要用到惯性系。

爱因斯坦注意到的第二个困难是万有引力定律写不成相对论的形式。爱因斯坦一直尝试把万有引力定律纳入相对论的框架，但都没有成功。当时已经知道的基本相互作用只有引力相互作用和电磁相互作用，但是却有一半不能写成相对论形式。

对于第一个问题，我们先来看看惯性系的起源。牛顿在《自然哲学的数学原理》一书中，建立了一个完备自洽的物理学体系，他认为存在绝对的空间和绝对时间。牛顿说："绝对空间，就其本性而言，与任何外部事物无关，它总是相同的和不可动的。相对空间是绝对空间的某个可动的部分或量度。"牛顿认为绝对空间是客观存在的，是与运动和物质无关的东西。

为了描述物体的运动，牛顿设置了参考系，他认为自己建立的力学规律，就是在惯性参考系中成立，而惯性系为相对于绝对空间静止或做匀速直线运动的参考系。

牛顿认为，所有的匀速直线运动都是相对的，我们不可能通过速度来感知绝对空间的存在。但是，牛顿认为转动是绝对的，或者说加速运动是绝对的。牛顿设计了著名的水桶实验。牛顿设想，一个装有水的桶，最初桶和水都静止，水面是平的（状态1）。然后让桶转动，刚开始时，水未被桶带动，这时候，桶转水不转，水面仍是平的（状态2）。不久，水渐渐被桶带动而旋转，直到跟桶一起转动，这时候水面是凹形的（状态3）。最后，让桶突然静止，水仍然转动，水面仍是凹形的（状态4）。在状态1和状态3下，水相对于桶都静止，但水面在状态1下是平的，在状态3下是凹的。在状态2和状态4下，水相对于桶都转动，但水面在状态2下是平的，在状态4下是凹的。显然，水面的形状与水相对于桶的转动无关。牛顿认为水面呈凹形是因为受到惯性离心力的结果，水桶实验的结果表示惯性离心力的出现与水相对于桶的转动无关，那与什么有关呢？牛顿认为惯性离心力的出现与绝对空间有关，惯性离心力产生于水相对于绝对空间的转动。

牛顿认为，转动是绝对的，只有相对于绝对空间的转动才是真转动，才会产生惯性离心力。再进一步，加速运动是绝对的，只有相对于绝对空间的加速才是真加速，才会产生惯性力！通过水桶实验，牛顿论证了绝对空间的存在。

马赫对此产生了质疑，他认为不存在绝对空间。马赫说，水旋转会发生水面下凹的现象，并不是因为水相对于绝对空间在旋转，而是因为水相对于宇宙间的万事万物都在旋转。万事万物与水之间有相互作用，惯性就起源于万事万物之间的相互作用。马赫还认为，假如宇宙里的万事万物都绕着水在旋转，那么水面照样会变凹。

马赫的话给爱因斯坦一定的启示。惯性起源于相互作用，引力也起源于相互作用；惯性与质量成正比，引力与质量也成正比。这里面存在什么关联呢？

牛顿在《自然哲学的数学原理》一书中是这么描述质量的：质量就是物质的量。在引力中的质量和惯性中的质量，其实是两个质量，牛顿希望通过实验测量找出两个质量之间的关系。我们把与引力成正比的质量称为"引力质量"，与惯性成正比的质量称为"惯性质量"。牛顿需要证明，这两个质量是一样的。如果伽利略的比萨斜塔实验能够成功的话，这其实是第一个探讨两个质量相等的实验。轻重不同的两个球同时从比萨斜塔上自由下落，同时落地。在这个实验中，用地球的引力提供加速运动需要的力。这样的话，引力质量和惯性质量就被联系到一个公式里了，因而可以通过实验来验证两者是否相等。当然，伽利略这个实验只是一个理想实验，落体时间非常短暂，不利于真正的实验观察。牛顿为了便于观察和计量，设计了一个单摆实验。牛顿比较了各种材质摆球的摆动周期，如果引力质量和惯性质量相等，不同材料的小球摆动周期必定相等，如果两个质量有差异，小球摆动周期必定也有差异。牛顿测量了很多种类的物质，发现引力质量和惯性质量就是一回事。当然，牛顿这个实验的精度不高，后世的科学家不断提高实验的精度，设计更加精巧的实验，结果这两个质量仍然是一样的，它们确实可以看成是同一个物理量。

虽然这两个质量相等，但是在牛顿物理学中，这可以看成是一种"偶然"，毕竟惯性和引力是两回事啊。爱因斯坦敏锐地注意到这个"偶然"的事实。

爱因斯坦反复考虑狭义相对论遇到的两个基本困难：第一，对惯性系无法定义；第二，万有引力定律不能纳入相对论的框架。他想，既然惯性系无法被定义，不如就抛开惯性系，把自己的理论建立在任意参考系，当然也包括所谓的非惯性系的基础之上。把原来的相对性原理"物理规律在一切惯性系中都相同"推广为"物理规律在一切参考系中都相同"。他把后者称为广义相对性原理，而把原来的相对性原理称为狭义相对性原理。这样做避开了定义惯性系的困难，但又产生了新的问题：非惯性系的惯性力怎么处理？爱因斯坦想到，惯性力与物体的惯性质量成正比，这个特点与万有引力非常相似，而且牛顿物理学中的引力质量和惯性质量精确一致。另外，马赫给出的对于惯性力的理解可以认为跟万有引力相似，都是起源于物体间的相互作用。虽然这更多的是一种哲学认识，但爱因斯坦觉得确实应该把惯性问题和引力问题合在一起解决。因而狭义相对论遇到的两个困难其实可以看成一个困难。

8.2　非欧几何

爱因斯坦在广义相对论中提出了弯曲时空的概念，对这一问题的数学描述，需要借助非欧几何学来完成。几何（Geometry）一词从希腊语演变而来，原意为土地测量，实证研究发现几何学正是起源于古埃及尼罗河水泛滥后土地的测量。公元前 300 年左右，希腊人欧几里得把埃及和希腊人的几何学知识加以系统总结和整理，撰写完成了《几何原本》，建立起了现在称之为"欧几里得几何学"（欧氏几何）的框架。中文称之为"几何"，源于明代利玛窦、徐光启合译的《几何原本》一书，由徐光启所创。

欧几里得在《几何原本》中所建立起来的几何学，以其逻辑的严密，形式的完备和优美，两千多年来为数学家和哲学家所倾倒。欧几里得几何是以五条公理开始，这五条公理非常重要，是欧氏几何的基石。

公理1：任意两点可以通过一条直线连接。

公理2：任意线段能无限延伸成一条直线。

公理3：以任何一点为中心，可以用任何半径画一个圆。

公理4：所有直角都全等。

公理5：若两条直线都与第三条直线相交，并且在同一边的内角之和小于两个直角，则这两条直线在这一边继续延长时，一定会相交。

欧几里得几何学在这组公理的基础上运用基本的逻辑推理推导出一系列的命题，是公理化系统的一个典范，对数学思想的发展影响深远。唯一让人感觉美中不足的是它的第五条公理，即平行公理。此公理可以简化为：过直线外一点，可以引一条，并且只能引一条直线与原直线平行（不相交）。与其他公理比较，这个公理显得过长，过于复杂。人们希望第五条公理能从其他公理推出，而不再是一个公理。

从古希腊时期开始直到十八世纪，许多数学家都尝试用欧氏几何中的其他公理来证明平行公理，但是都没有成功。十九世纪，德国数学家高斯、俄国数学家罗巴切夫斯基、匈牙利数学家鲍耶等人各自独立地认识到这种证明是不可能的。也就是说，平行公理是独立于其他公理的，并且可以用不同的"平行公理"来替代它，从而建立起一套不同于欧氏几何的新的几何学理论（非欧几何）。第一个做出突破性认识的人大概是高斯，但可能是缺乏对欧氏几何在数学、哲学、神学中的神圣地位公开挑战的勇气，高斯关于非欧几何的信件和笔记在他生前一直没有公开发表，只是在他 1855 年去世后才公开出版。罗巴切夫斯基和鲍耶分别在 1830 年前后发表了他们关于非欧几何的理论。

第一个公布新几何学初步结果的可能是年轻的匈牙利数学家鲍耶。鲍耶的父亲也是一个著名的数学家，曾经为第五公理的证明耗费了一生的时间。鲍耶采用反证法来研究第五公理，希望能从第五公理不成立引出谬误，然而他在反证的路上越走越远，却不见谬误的影子。虽然推导出来的结论很古怪，但并非真的有矛盾。最终鲍耶认为虽然第五公理确实是不可证明的公理，但是人们也可以引入不同于第五公理的其他公理，来取代第五公理从而建立新的几何学。鲍耶的父亲在知道鲍耶的想法后，觉得有一定道理，于是把儿子的研究成果作为自己一本书的附录部分出版了。

但是鲍耶并没有对新几何学继续进行深入研究。最先建立完整的新几何学的人是俄国数学家罗巴切夫斯基。罗巴切夫斯基用"过直线外一点，可以引两条以上的直线与原直线平行（不相交）"的新公理来取代第五条公理。在这个前提下，他推导出了一整套几何学，虽然他认为这些理论非常古怪，但是理论体系本身是自洽的。1826 年，罗巴切夫斯基发表了自己的研究成果，这一理论立即引起学界的巨大争论，而且这种争论还产生了很大的社会影响。差不多同时代的德国著名诗人歌德创作了长篇诗剧《浮士德》，该诗剧与荷马史诗、但丁的《神曲》、莎士比亚的《哈姆雷特》并称为欧洲文学的四大名著。然而在《浮士德》这部名著中，歌德就对非欧几何报以极大的嘲讽，这段诗句后被我国著名数学家苏步青院士翻译成中文为"有几何兮，名为非欧，自己嘲笑，莫名其妙"。

罗巴切夫斯基的新几何，被称为罗氏几何。意大利数学家贝特拉米证明罗巴切夫斯基所得的几何是在弯曲的表面上实现的几何学，与欧氏几何看似矛盾的理论体系，其实并不矛盾，彼此之间可以相互转换。如果欧氏几何正确，那么罗巴切夫斯基的几何学也是正确的。罗巴切夫斯基这时开始被人们称作数学界的哥白尼，认为他打破了欧氏几何一统天下的局面，大大扩展了数学界的视野。非欧几何的出现，被誉为十九世纪数学史上最伟大的发现，宣告了近代数学时代的开始。

德国数学家黎曼是高斯的学生，他用另一个公理来代替欧几里得的第五公理。黎曼提出，过直线外一点的任何直线都必定与原直线相交。黎曼所建立的几何体系被称为黎氏几何。实际上，欧氏几何、罗氏几何和黎氏几何分别描述的是不同曲率的空间。欧氏几何描述零曲率空间，如平面；黎氏几何描述的是正曲率空间，如球面；罗氏几何描述的是负曲率空间，如伪球面、马鞍面。弯曲空间中没有直线，罗巴切夫斯基等人谈论的直线实际是弯曲空间里的短程线，即两点之间的最短线。平直空间中的短程线就是直线，短程线可以看成是直线在弯曲空间的推广。罗巴切夫斯基等人所说的平行直线，实际上是指不相交的短程线（见表8.1）。

表 8.1 几种不同几何学相关内容的对比

	空间曲率	平行线	三角形内角和	圆周率	示例
黎氏几何	正	无	大于 180°	小于 π	球面
欧氏几何	零	一条	等于 180°	等于 π	平面
罗氏几何	负	两条以上	小于 180°	大于 π	伪球面

表 8.1 中列出了三种几何学相关内容的对比。以球面为例来解释说明。球面上没有"直线",所谓两点之间的短程线就是过这两点的大圆周,也就是用球心和这两点确定的平面与球面的交线。比如,地球上的所有经线和赤道都是大圆周。赤道以外的纬线虽然是闭合的圆线,但都不是大圆周。生活中常有这样的疑问,为什么飞机的航线通常不是直线?除了安全性和空管的要求以外,就是因为地球表面并不是直线距离最短,而是连接两地大圆周的弧线距离最短。对于球面来说,显然找不到两个不相交的大圆周,所以球面上不存在平行线。平面上的三角形由直线段围成,球面上的三角形用短程线围成。举一个地球表面三角形的例子,赤道与任意两条经线都会围成一个三角形。在这个三角形中,两条经线都与赤道垂直,交角都是 90°,两条经线之间的夹角必定大于 0°,所以球面上三角形的内角和一定大于 180°。还是在地球表面上,以北极点为圆心,北极到北纬 40° 的纬线的经线长度为半径做一个圆,这个圆就是北纬 40° 的纬线,用这个圆的周长除以半径,这样算出来的"圆周率"肯定是小于 π 的。

1854 年,黎曼在哥丁根大学发表了题为《论作为几何学基础的假设》的演说,在演说中黎曼将曲面本身看成一个独立的几何实体,而不是把它仅仅看作欧几里得几何空间中的一个几何实体,从更高的角度把欧式几何、罗氏几何、黎氏几何统一起来，统称为黎曼几何学。黎曼认为自己在几何学上的研究可以应用于物理现象的研究，他预见"空间的小部分事实上所具有的某种性质，类似于在平均来说是平坦面上呈曲面的小丘，普通的几何定律在那里并不成立""这种呈弯曲或扭曲的性质，以波的方式连续地从空间的一部分过渡到另一部分""空间曲率的这种变化真实地发生在被称为物质运动的那些现象中"。简单来说，黎曼猜测真实的空间不一定是平直的，对于不平直的空间不能用欧式几何描述，需要用黎曼几何来描述，而且可能是物质的存在造成了空间的弯曲。

1915 年，爱因斯坦运用黎曼几何和张量分析工具创立了广义相对论。

8.3　广义相对论及其实验验证

8.3.1　等效原理

第一节我们提到爱因斯坦认识到了引力与惯性力有相同的来源。同时，他又抓住了引力与惯性力的相似性，把引力质量与惯性质量相等的事实推进一步，提出了等效原理。

等效原理：惯性场与引力场等效，或者惯性力与引力等效。

类似于伽利略曾经描绘的封闭的大船，爱因斯坦的等效原理其实就是说如果观察者处于一个封闭的空间，他无法通过实验来判断，他所处的空间是在有重力场的环境中静止，还是在无重力场的环境中加速运动。

等效原理告诉我们，在无穷小时空范围内，人们无法区分引力场与惯性场。

我们通过一个例子来说明一下。比如一个观察者正在一艘火箭里以一个 g（地球表面的重力加速度）的加速度平稳地加速穿过太空。观察者无法与火箭的外界联系，那么观察者能否判断他是在空间飞行，还是仍停在地球表面上（见图 8.1）？观察者也许会扔一颗苹果，看它怎样下落，或者把这个苹果水平抛出，观察它的运动轨迹（见图 8.2）。由于火箭在加速运动，苹果在横越火箭时，会越来越接近地板，在观察者看来，苹果落向地板的方式同在地球上水平抛出的苹果完全一样。

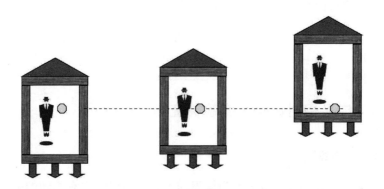

图 8.1　在无重力场环境中加速运动的火箭里的观察者
释放一颗苹果，观察者看到苹果下落，就如同在地球上感觉苹果受重力的效应一样。

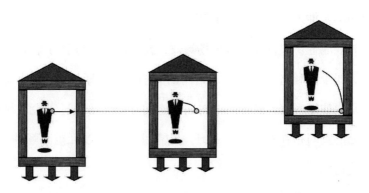

图 8.2　在无重力场环境中加速运动的火箭里的观察者
水平抛出一颗苹果，观察者看到苹果下落，就如同在地球上感觉苹果受重力的效应一样。

　　看来不能通过一个在火箭内进行的实验，来判定火箭到底是在地球表面上静止，还是以一个 g 的加速度穿过空间运动。这就是爱因斯坦所说的等效原理。在实验室内无法区别重力的效应和加速度效应，重力和加速度等效。

　　那么，加速运动怎样影响光线呢？如果观察者还是在飞船内，加速穿过外层空间。观察者在水平方向打开闪光灯，其光束相对于观察者必定向下弯曲，正像刚才那颗被水平抛出的苹果一样。依据等效原理，我们在加速度效应下看到的光线弯曲，在一个重力环境下静止的房间里做这个实验，应当有同样的结果。因此，重力必定使光束弯曲！（见图 8.3）

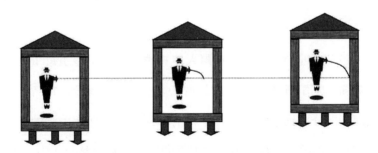

图 8.3　在无重力场环境中加速运动的火箭里的观察者
在水平方向上投射一束激光，观察者看到光束发生了弯曲。

8.3.2　光线在太阳旁的弯曲

　　地球的重力太弱，不能使光束弯曲多少。但是太阳有足够大的质量，能够使遥远恒星发出的光经过太阳附近时受到的弯曲程度变得可以测量出来（见图 8.4）。对这个效应的首次测量是在 1919 年一次日全食时进行的。日食的时候，天文学家就能够把出现在太阳边缘附近的星星拍摄在照片上。

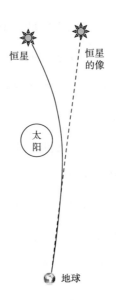

图 8.4   由于太阳"重力"（引力）的作用使遥远的恒星发出的光线

光线在经过太阳时发生了弯曲，地球上的观察者因此可以看见太阳后面的星星，但这颗星星常被认为处在图中恒星的像的位置。

1919 年日全食的时候，英国天体物理学家爱丁顿主持了这次著名的观测。爱丁顿等人花了大量的心血，做了一系列的准备工作，两支观测队分别到达将出现日全食的不同地点，即南美洲的巴西和非洲西海岸的普林西比。爱丁顿带领的一队，在普林西比碰上阴天，幸运的是在日全食即将来临之前，一阵风吹开了乌云。他们在短暂的日全食时间内，拍摄到了太阳附近星空的照片。而去巴西的那一队在不利的天气情况下，也成功地拍摄了照片。几个月后太阳移开了这一星空区，他们又重新拍了这一星空区的照片（见图 8.5）。从照片上比较，光线确实偏折了。虽然从牛顿的万有引力定律也可以得出光线弯曲的结论，但其弯曲的程度只有广义相对论预测的一半。从爱丁顿等人的观测来看，实验数据明显支持了爱因斯坦的广义相对论。

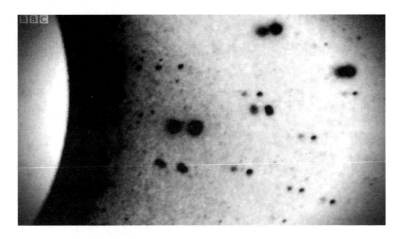

图 8.5   1919 年爱丁顿观测拍摄到的两组照片的重叠图

图中左边部分大圆为日全食发生时的太阳，图中清晰可见两次拍摄的星星位置并不一致。

在狭义相对论里，爱因斯坦根据光速不变原理发现时间是相对的，运动的钟变慢意味着时间本身变慢。爱因斯坦认为正像时间是宇宙的一种可以用钟测量的物理性质一样，直线也是宇宙的一种物理性质。这一性质可以用光束投射的路径来定义，光束弯曲意味着空间本身被引力弯曲。

霍金曾经说过，形象地想象普通的三维空间已经够难的了，更不用说弯曲的三维空间。所以很难想象空间的弯曲是什么样子。对于二维空间的弯曲还可以举出可以观察到的例子，比如对于二维纸面的弯曲，观察者还可以从第三维的视角来观察。但是空间只有三维，因此没有更高的维数让观察者观察到三维空间的弯曲。

但是光束会弯曲真的表明空间是弯曲的吗？还是只表示光束在普通的、平直的三维空间里的弯曲？就如同观察者怎么知道一条曲线是平直二维平面上的一条弯曲的线，还是二维曲面上的一条"直线"呢？1972 年美国国家航空航天局（NASA）发射的"水手九号"

火星探测器成功进入了火星轨道，成为火星第一颗人造卫星。"水手九号"探测器定向反射回从地球送出的雷达信号，当地球到火星的视线经过太阳附近时，观察人员测量雷达波的传送时间。通过这个时间就可以判断弯曲的光束是穿过了一个平直的空间，还是穿过了一个弯曲的空间（见图8.6）。如果是平直空间中的一条曲线，那么传送时间大约是30ns（纳秒，1纳秒等于10^{-9}秒）；如果是弯曲空间中的一条直线，那么传送时间就应该是200μs（微秒，1微秒等于10^{-6}秒）。7 000倍的差距非常明显，实际观测结果证实了爱因斯坦的预测。

图8.6　1972年当火星的视线经过太阳附近时，"水手九号"火星探测器定向反射回地球送出的雷达信号（示意图）

8.3.3　引力红移与行星轨道进动

我们接下来看广义相对论的另外两个实验的验证。一个是引力红移，另一个是行星的近日点进动。在太阳系里，水星离太阳最近，其轨道进动相对最为明显。

狭义相对论中说空间和时间是纠结在一起的。例如要测量一个运动窗户的宽度，观察者至少需要两个钟，以保证他正好是在同一时刻测量窗户两边的位置，因此在距离测量中含有时间测量。在广义相对论中，空间和时间的这种纠结意味着空间的任何弯曲一定也使时间发生畸变，使时钟（也就是时间）在更强的引力场中走得更慢。所以，太阳附近的钟会比地球上的钟走得慢。观察者虽然不可能在太阳表面放一个钟，但是可以利用太阳表面现有的物理现象来观察时间。太阳表面有大量氢原子，氢原子有着特定的发光光谱线，每个确定频率的光谱线，都代表氢原子内部有一个以这个频率走动的钟。因此可以比较太阳附近氢原子发射的光谱线和地球实验室中的氢原子光谱线，如果太阳附近的钟变慢，那里射过来的氢原子光谱线，相对于地球上的氢原子光谱线频率就会减小，即谱线会向红端移动。根据爱因斯坦的理论预测，太阳光谱中的红移仅约为红光波长的百万分之二，后来的观测实验证实了这一预测。

按照牛顿的万有引力定律计算，行星的轨道就像开普勒定律描述的那样，是一个封闭的椭圆。然而，实际观测表明行星轨道不是一个封闭的椭圆，轨道的近日点不断向前移动，科学家称之为进动（见图 8.7）。这个效应以离太阳最近的水星最为显著。这种效应主要可归因于天文学上的岁差和其他行星对水星运动的影响，排除这些因素后，水星的进动仍然还有每百年 43 弧秒而无法解释。当时许多人认为，水星轨道进动的另一个原因是受一个离太阳更近的未知行星引力的影响。法国天文学家勒维叶曾通过这一偏差反推出这颗未知行星的轨道。有段时间，人们在太阳盘面上发现了一个移动的黑点，误以为这就是那颗未知的行星，并起名为火神星，但不久之后就发现这其实是太阳表面的一个黑子。但是用广义相对论计算出来的行星轨道，本身就不是一个椭圆，轨道本身就会"进动"，而且对于水星轨道，这个进动恰恰就是每百年 43 弧秒。实验又一次支持了广义相对论。

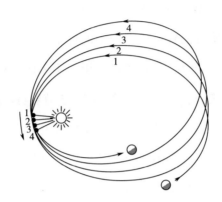

图 8.7　行星绕日运行轨道的进动

图中左侧 1，2，3，4 点的位置示意了行星绕日运行轨道的近日点不断地向前移动。

8.4　引力波

2017 年的诺贝尔物理学奖颁给了美国科学家雷纳·韦斯、巴里·巴里什和吉普·索恩，以表彰他们直接观测到了引力波。这三位科学家都是 LIGO 科学合作组织的主要成员，LIGO 是一个致力于引力波直接探测的科学家组织。引力波是弯曲时空中物质和能量的剧烈运动和变化所产生的一种物质波，就像时空中的涟漪，通过波的形式从辐射源向外传播。在牛顿的万有引力定律中，引力是瞬时传播的，可认为速度无限大。而在相对论中，万有引力的传播需要时间，传播速度是光速。如果引力源附近的时空弯曲随时间变化，这种变化就会以光速向远方传播，这就是所谓的引力波。

1905 年，爱因斯坦开创了狭义相对论，提出光速是一切速度的极限，真空中运动物体的速度不可以超过光速。同年，法国科学家、哲学家亨利·庞加莱猜测可能存在以光速传播的引力波。虽然庞加莱提出了引力波的概念，但是除了传播速度为光速以外几近毫无了解。1916 年，爱因斯坦基于广义相对论预测了引力波的存在。

戏剧性的是 1937 年的时候，爱因斯坦完成了一篇研究引力波的论文，结论是不存在引力波！他把论文投给《物理评论》杂志。杂志编辑部找了一位物理学家审稿，审稿人认为爱因斯坦的论文有问题并回复了长达 10 页的评审意见，编辑部把评审意见匿名后转给爱因斯坦。爱因斯坦把评审意见转给自己的学生英费尔德，问他有什么看法。英费尔德通过证明给出了和爱因斯坦相同的结论。为了进一步确定，英费尔德找到了自己正在研究广义相对论的好友，在普林斯顿大学任教的罗伯森教授去征求他的意见。罗伯森指出爱因斯坦论文中的错误，英费尔德将罗伯森的看法转告了爱因斯坦。爱因斯坦仔细检查，发现自己的论文果然有错，于是重新改写了论文，结论是引力波是存在的。几十年后，《物理评论》当年的评审意见解密，原来那位给爱因斯坦审稿的物理学家正是罗伯森！

虽然广义相对论预测了存在引力波，但发现引力波存在的证据却很艰难。1969 年，美国马里兰大学的韦伯教授宣称其探测到了频率为 1 660Hz 的引力波，但此后的一些实验表明，韦伯的这一结果不可靠，他并未观测到引力波。

1978 年，美国科学家泰勒和他的学生休斯宣布，他们经过对某脉冲双星长达 4 年的精密观测，证实了引力波的存在。脉冲双星是一对中子星，围绕它们的重心旋转，他们发现这对双星的公转周期每年减少万分之一秒。如果认为它们的公转运动会辐射引力波，计算表明引力辐射损失的能量，恰好使这对双星的周期每年减少约万分之一秒。泰勒和休斯宣布，他们的观测结果和计算结果间接证实了引力波的存在。1993 年，诺贝尔奖评委会宣布，由于他们对脉冲双星的研究开创了研究引力波的新途径，授予他们诺贝尔物理学奖。不过，为慎重起见，评审委员会并未明确说他们证实了引力波的存在。

只有那些庞大到不可思议的天体，在产生惊天动地的天文现象时所产生的引力波，才能大到被远隔十数亿光年以外的观察者捕捉到。事实上，即便是黑洞合并这样震惊宇宙的大事件，所产生的引力波信号抵达地球时，其强度也已经微乎其微了。引力波振幅在 1×10^{-21} 米以下，只有氢原子大小的一百亿分之一大小。

目前，世界上有若干个研究引力波的小组，正在开展探测引力波的工作。各种各样的引力波探测器正在建造或者运行当中，其工作原理如图 8.8 所示。2016 年 6 月 16 日，LIGO 科学合作组织宣布，2015 年 12 月 26 日，他们在位于美国华盛顿州汉福德区和路易斯安那州的利文斯顿的两台引力波探测器（两地相距 3 000 千米）同时探测到了一个引力波信号。2017 年 10 月 16 日，全球多国科学家同步举行新闻发布会，宣布人类第一次直接探测到来自双中子星合并的引力波，并同时"看到"这一壮观宇宙事件发出的电磁信号。

没有引力波时，科学家们调整两束激光让他们正好相抵消，当有引力波时，两束光走过的空间发生变化，就会发现两束光有干涉条纹出现。实验原理非常简单，但是最难的是引力波非常弱，地球上本身存在太多的电磁噪音干扰，这些干扰本身比引力波要大得多。一方面，采取顶尖的抗干扰方式，比如悬垂式稳定器；另一方面，

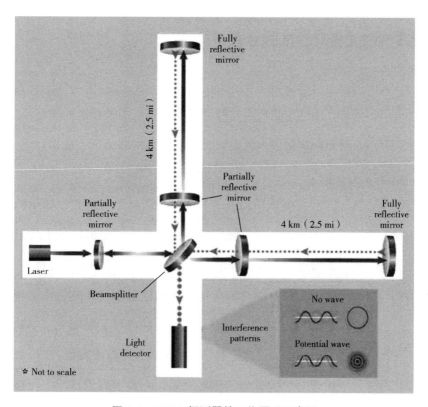

图 8.8　LIGO 探测器的工作原理示意图

就是 LIGO 自我复制。刚才提到两台完全一样的 LIGO 装置，相距 3 000 千米。这样设置的目的，就是要通过超级计算机对两台 LIGO 的观测数据进行比对，通过算法来排除众多干扰信息。同时能影响到相隔这么远的两地的波动信号，基本上必然来自太空，这样就把地面人为的信号都去除掉，再筛选起来就容易多了。探测器中每条激光臂足有 4 千米长，但是激光需要在其上反射 400 次才能达到实验所需的功率，也就是激光臂实际的长度是 1 600 千米，所以这就对 LIGO 装置的激光反射装置提出超高的反射率要求。这些反射镜常用纯二氧化硅打造，每 300 万个光子入射，仅有一个会被留下，其余全被反射。可以说，引力波探测器堪称人类目前现有最为精密的仪器了。

8.5 广义相对论的社会效应

爱因斯坦对物理学的贡献不仅涉及相对论、量子物理和统计物理等诸多领域，而且他在所有这些领域中的贡献都带有里程碑性质。毫无疑问，爱因斯坦最伟大的成就是建立狭义相对论和广义相对论，创造性地改变了人类对于时间、空间的看法，但是这一理论确实非常深奥难懂。1922 年爱因斯坦因"对光电效应和物理学其他领域的贡献"而获诺贝尔物理学奖。爱因斯坦在对光电效应的解释中提出了光量子概念，但这一学说被理论物理界所接受要比相对论晚得多。最先提出能量量子化的普朗克和其他一些物理学家一开始就赞同相对论，但直到 1923 年才接受了光量子理论。1913 年，普朗克与能斯特等人在提名爱因斯坦为普鲁士科学院院士的推荐信中写道："……可能有时他的设想会迷失方向，例如，他的光量子假说，但不能以此来否定他，因为即使在最精确的科学中，也不可能不冒一点风险而能提出新的观点。"

爱因斯坦后半生坚决反对量子理论的统计解释，不断提出反例来与以玻尔为首的哥本哈根学派进行论战。虽然这些反例最后一个个都被推翻了，但爱因斯坦始终坚持决定论的观点，固执地认为量子理论的统计解释肯定不是最后的理论，背后肯定隐藏着决定论的东西。爱因斯坦说过一句名言，上帝是不会掷骰子的。当然从今天物理学的发展来看，上帝是有可能掷骰子的。但是，爱因斯坦等人挑起的这场论战，帮助澄清了量子理论的许多概念，也进一步推动了量子论的发展。

狭义相对论和广义相对论分别是爱因斯坦在 26 岁和 36 岁时提

出的，其后半生除了与哥本哈根学派论战之外，主要致力于统一场论的研究。爱因斯坦企图把电磁场也几何化，最终实现电磁作用与万有引力的统一。虽然爱因斯坦的工作未能取得实质进展，但今天物理学家们以规范场论为工具实现的弱电统一（弱相互作用和电磁相互作用的统一），以及大统一（弱相互作用、电磁相互作用和强相互作用的统一），可以看成是当年爱因斯坦统一场论工作的延续与发展。

爱因斯坦的广义相对论让人感觉深奥难懂，真正理解它的人很少。1919 年英国天体物理学家爱丁顿主持了日全食观测验证了广义相对论关于空间弯曲的预言之后，《纽约时报》发表了题为《只有12 个人能够理解的相对论》的文章来进行报道。当科学界还在为爱因斯坦的理论缺乏实验基础和证明而争论的时候，爱因斯坦却因为这一理论获得了极高的国际知名度，强烈地吸引着公众的注意，成为家喻户晓的名人。

1922 年秋爱因斯坦访问日本，日本以国家元首级的礼节接待了爱因斯坦。日本的天皇和皇后在皇宫里隆重接见了爱因斯坦。当爱因斯坦来到皇宫时，那里已经聚集了数以万计的自发到来的群众，大家为他欢呼喝彩。爱因斯坦为自己受到的礼遇而受宠若惊，据说他曾对妻子爱尔莎说："没有哪个活着的人配得上这种待遇。我担心我们是骗子，最后会坐牢的。"当时德国驻日大使这样评论，这位名人的整个旅行已经俨然成为一场商业活动。

爱因斯坦认为，社会大众对自己如此感兴趣，似乎与心理病理学有关。这种解释或许有一定的道理，在牛顿的经典物理学问世后的 300 年里，牛顿基于运动定律和绝对确定性的机械宇宙构成了启蒙运动和社会秩序的心理基础。人们对因果性、秩序深信不疑。相对论提出的空间和时间均与参考系相关，这种对确定性和绝对信念的公然抛弃，可以帮助社会从传统理念中挣脱出来。二十世纪初的欧洲，世界大战的恐怖，社会阶层的崩溃，经典物理学的瓦解，似乎都指向了不确定性。1919年12月，《纽约时报》发表的一篇名为"攻击绝对"的关于相对论的社论中，声称"一切人类思想的基础已被颠覆"；同年，伦敦的《时代》杂志在一篇文章中宣称，相对论已经"颠覆了几个时代以来的确定性，它呼唤一种新的哲学，而且迄今为止被接受为物理学思想之公理基础的几乎所有内容都将被这种哲学一扫而空"。

相对论引起的思想变革逐渐影响到艺术、政治等各个领域。1921年，英国政治家理查德·伯登·霍尔丹勋爵出版了《相对论的统治》一书，试图用爱因斯坦的理论来支持他个人的政治观点。霍尔丹在该书中讲述了爱因斯坦的物理学对哲学的影响，认为爱因斯坦关于空间时间测量的相对性原理不应被孤立地思考，而应在其他自然领域和一般知识领域找到它的对应。霍尔丹曾告诉坎特伯雷大主教，相对论可能会对神学产生深刻的影响。大主教着手研究了相对论之后抱怨说，霍尔丹的解说和相关的报纸文章评论，只能让他更糊涂。1921年爱因斯坦访问英国期间，对相对论一头雾水的大主教问爱因斯坦，相对论会对宗教产生什么影响？爱因斯坦直白地告诉大主教，相对论是纯科学的东西，它与宗教无关。这无疑是正确的，其中的联系或许只是在历史的某些时段，来自科学、哲学、艺术等领域的各种力量共同造成了人的观念的转变。

英国科学史家和哲学史家阿瑟·米勒写了一本名为《爱因斯

坦·毕加索：空间、时间和动人心魄之美》的书，探讨了爱因斯坦
1905 年的狭义相对论和毕加索 1907 年的现代派杰作《阿维尼翁的少
女》（见图 8.9）的共同灵感源泉。米勒说，这两个人均以自己的方
式觉察到各自领域的某些陈规出了问题，他们都对同时性、空间、
时间，特别是庞加莱的著作非常感兴趣。

图 8.9 毕加索《阿维尼翁的少女》

爱因斯坦曾努力化解对相对论理论的过度的兴奋和极端的关注。
他曾经说，"相对论的本质被错误地理解了……立体主义这种新的艺
术形式与相对论没有任何共同之处"。恰巧在二十世纪二十年代广义
相对论诞生之后，通过打破已有的思想限制和真理观，那些具有创
造精神的心灵之间产生了相互的共鸣，相对论和现代主义都应运而
生了。哲学家加塞特在他的文章《爱因斯坦理论的历史意义》中这
样写道，并不是理论的胜利迫使人们接受它，从而影响人类的精神，

而是相反，"人类的精神已经主动地按照某种方式发展了，因此相对论的产生和成功才成为可能"。

从科学的角度来说，爱因斯坦提出相对论，恰恰源于他对绝对性的追求和对"宇宙理性"的坚信，爱因斯坦是一个斯宾诺莎哲学观的信仰者，前述他并不认同量子论的统计解释也正源于此。把相对论误解为"相对主义"并不符合爱因斯坦的思想。人们对绝对的事物不那么信任了，不仅是时间和空间，还包括真理和道德，当然这并非相对论的本意。哲学家以赛亚·伯林感叹道，"相对论"一词已经被误解为相对主义，即否认或怀疑真理或道德价值具有客观性。这恰恰与爱因斯坦的看法相反。爱因斯坦是一个质朴的、具有绝对道德信念的人。实际上真正完全超出人类日常生活经验，乃至人类对于科学的认知的，是与广义相对论同时发展起来的量子理论。爱因斯坦在量子性的本源认知上是始终坚持决定论观点的。

普通大众对相对论的误解，主要是因为牛顿创造的经典物理学给人以不变、机械性的感觉，但爱因斯坦的相对论使人类固化的绝对时间和空间概念都发生了变化，给社会带来的感觉是牛顿力学古典感觉的丧失。即便是科学界也会有这样的误解，比如德国化学家齐格勒就认为广义相对论会导致混乱，他说"人类只能被一种完全确定并且统一的科学所引导"。这一观念正说明他对于广义相对论缺乏深刻的理解，广义相对论虽然使用了高深复杂的数学工具，但是它所描绘的是一个可以被理解的、有秩序的宇宙形态。

值得一提的是，广义相对论的成功，使得宇宙学这门全新学科的诞生成为可能。这一方面是由于广义相对论对于宇宙的描述使研究宇宙本身成为一门独立的学科，另一方面广义相对论开启的仅先基于抽象思维建立理论框架，再通过观察进行验证的模式，成为宇宙学的研究范式。牛顿所建立的经典物理学更多的是一门基于实证的科学，牛顿对于引力的分析不断用天文观测的结果相互印证，但广义相对论远远超过实证科学的范畴。这一理论仅仅是由人类进行抽象思维并借助数学工具而构建出来的。这使得理论物理学成为一门理论可以领先实践的学科，物理学被永远地改变了。广义相对论成为宇宙学研究的基础理论，使人类了解宇宙成为可能。由广义相对论所推导出的各种奇特的结论，有的已被观察证实，有的至今还没有发现切实的证据。宇宙观测成为检验广义相对论的重要手段，而广义相对论则是进行宇宙学观测的最重要的理论基础。

思考题和习题

1. 牛顿经典物理学和爱因斯坦广义相对论对引力的认识有什么不同？

2. 为什么在地球表面看不到光线的引力弯曲？

3. 《几何原本》一书的作者是（　　　）。

A. 欧几里得　　　　　　　　B. 高斯

C. 黎曼　　　　　　　　　　D. 迈耶

4. 最早对牛顿绝对时空观提出疑问的科学家是（　　　）。

A. 马赫　　　　　　　　　　B. 爱因斯坦

C. 笛卡尔　　　　　　　　　D. 高斯

5. 牛顿设计了（　　　）来证明存在绝对空间，且转动是绝对的。

A. 水桶实验　　　　　　　　B. 斜面实验

C. 扭秤实验　　　　　　　　D. 油滴实验

6. 下列各项不属于黎氏几何特征的是（　　　）。

A. 负曲率空间

B. 三角形内角和大于180°

C. 二维对应球面

D. 圆周率的值小于π

7. 下列各现象不能归因于广义相对论的是（　　　）。

A. 实物粒子波动性

B. 引力红移

C. 行星近日点进动

D. 光线弯曲

8. 最早猜测可能存在以光速传播的引力波的科学家是（　　　）。

A. 罗伯森

B. 爱因斯坦

C. 庞加莱

D. 韦伯

9. 1993 年，（　　　）由于对"脉冲双星的研究开创了研究引力波的新途径"而获得诺贝尔物理学奖。

A. 泰勒和休斯

B. 韦伯

C. 罗伯森

D. LIGO 科学合作组织

10. 人类历史上第一次直接观测到引力波的是（　　　）。

A. LIGO 科学合作组织

B. 泰勒和休斯

C. 韦伯

D. 庞加莱

11. 苏步青翻译了（　　　）中关于非欧几何描写的诗句，"有几何兮，名为非欧，自己嘲笑，莫名其妙"。

A. 《浮士德》

B. 《物性论》

C. 《理想国》

D. 《哈姆雷特》

9　原子核与放射性

　　这一章，我们把原子核作为讨论的主题。核能是非常巨大的，卢瑟福曾经说过："我希望在人们学会同邻居和平共处之前，不要发现任何释放镭内部的能量的方法。"如何有益地和非破坏性地使用这种强有力的能量是值得人类深思的课题。本章先简要介绍人类对于原子核的认知历程，然后介绍核的放射性与两种核反应，即核裂变与核聚变。

9.1 原子核

十九世纪人类对原子的认识取得了重大进展，最重要的就是元素周期律的发现。元素周期律把元素纳入一个系统内，反映元素间的内在联系，为物质结构理论提供了客观依据。这一规律的发现是科学史上一个重要的里程碑。

英国化学家约翰·亚历山大·雷纳·纽兰兹比较早开始了对元素规律的研究。1865 年，他把当时已经知道的 61 种元素依照原子量的大小顺序排列，发现每隔 7 种元素便出现性质相似的元素。如同音乐中的音阶一样，元素化学性质显示出随原子量的递增而出现一定的周期性，他称这一规律为"元素八音律"。但是纽兰兹发现的这一规律在完成两个周期之后就差不多失灵了，所以这一想法在当时并未被人们接受。直到元素周期律确立后，人们才承认他关于元素周期性认识工作的重要性。

真正完成周期律的是俄国科学家德米特里·伊万诺维奇·门捷列夫，他长期致力于元素化学性质与原子量关系的研究。门捷列夫根据原子量的大小排列元素编制了第一个元素周期表，把已经发现的 63 种元素全部列入表里，又给当时尚未发现的元素留下了恰当的空位，预言了类似硼、铝、硅的未知元素的性质，指出了当时测定的某些元素原子量的数值有错误。当他的预言都得到了证实的时候，任何人都不再怀疑元素周期律是一条真理了。为了纪念门捷列夫在发现元素周期律上的功绩，人们就把元素周期律和周期表称为门捷列夫元素周期律和门捷列夫元素周期表。令人遗憾的是，虽然元素周期律的重要性举世公认，但门捷列夫却没能因此获得诺贝尔奖。

诺贝尔奖委员会本已打算将 1906 年的化学奖颁给这位大师，但委员会其中一人最终将门捷列夫踢出了榜单。这位伟大的化学家于 1907 年去世。

在原子认识上的重要进展还有电离学说的提出和原子光谱的发现。1884 年，23 岁的瑞典青年化学家斯万特·奥古斯特·阿仑尼乌斯提出关于电解质的化学理论，即著名的电离学说。在原子之所以能结合成分子的原因分析上，阿仑尼乌斯认为，原子在溶液中形成带正电或负电的离子，靠电磁力作用结合成分子。阿伦尼乌斯因为这一理论获得 1903 年诺贝尔化学奖。1885 年，瑞士科学家约翰·雅各布·巴尔末总结人们对氢光谱的测量结果，发现了氢原子光谱线的规律。在光谱规律的发现上，科学家首先发现了太阳光中的谱线，然后认识到不同元素的原子有不同的光谱，并且可以利用光谱线的不同，发现了一些新元素。

经典原子论认为，原子是不可再分的细小微粒，但是上述对原子认识上的进展启示人们，原子可能有结构。

1897 年，英国物理学家约瑟夫·约翰·汤姆逊在研究稀薄气体放电的实验中发现了电子，并测定了电子的荷质比。电子的发现打开了"不可再分"的原子的大门，汤姆逊的发现标志着科学的新时代开启了，人们称其为"一位最先打开通向粒子物理学大门的伟人"。汤姆逊也进一步提出了原子的结构模型，他认为原子如同一个带正电的西瓜，带负电的电子则像瓜子一样嵌在原子中，这一模型被称为"西瓜模型"。

汤姆逊的新西兰籍学生欧内斯特·卢瑟福利用 α 粒子轰击重原子的核，结果发现存在汤姆逊的西瓜模型不能解释的实验现象。实

验用 α 粒子射线轰击很薄的金箔，发现绝大多数的 α 粒子都径直穿过薄金箔，偏转很小，但也有少数 α 粒子会发生角度大得多的偏转，大约有 1/8 000 的 α 粒子偏转角大于 90°，甚至观察到有的偏转角等于 150° 的大角散射。按照汤姆逊的西瓜模型预言不会出现大角散射，于是 1911 年卢瑟福提出了原子的新的结构模型，认为原子并不是一个正电荷均匀分布的实心球，原子的大部分区域实际上应该是真空。正电荷集中在原子的中心，形成一个体积极小的核，这个带正电的核就如同太阳，电子像行星一样围绕原子核旋转，这一模型被称为行星模型。

卢瑟福是一位杰出的实验物理学家，曾因"对元素蜕变以及放射化学的研究"获得 1908 年的诺贝尔化学奖。他还是一位优秀的老师，非常善于培养人，他的学生和助手中有多人获得诺贝尔奖，包括玻尔、威尔逊、狄拉克、查德威克、贝特等人，卢瑟福的实验室被人称为"诺贝尔奖得主的幼儿园"。有很多关于卢瑟福精心培养学生的趣事被流传下来。其中有一则说，有一天深夜，卢瑟福看到实验室亮着灯，就推开门进去，关切地问一个学生："这么晚了，你还在干什么？"学生回答说："我在做实验。"卢瑟福接着问这个学生早晨、上午、下午都干了什么，学生说都在做实验。卢瑟福很不满意地反问："你不停地做实验，什么时候才能有时间想一想应该怎么做实验呢？"

1928 年，德国物理学家玻特在用 α 粒子轰击金属铍时，得到了一种穿透力很强的、不带电的射线。玻特认为这一射线不过是一种电磁波，并没有进行深入探究。但实验结果引起了约里奥-居里夫妇（居里夫人的大女儿和大女婿）的注意，他们继续研究了这种射线，用这种射线从石蜡中打出了质子，他们也以为这是波长特别短的 γ 射线。卢瑟福的学生，剑桥大学卡文迪什实验室的查德威克看到了约里奥-居里夫妇的研究报告，仔细思考后认为这个射线如果是 γ 射线的话，其动量太小，不足以打出质子。早在 1920 年的时候，卢瑟福曾预言，在原子内部可能存在一种质量与质子差不多的中性粒子。卢瑟福之所以有这样的猜测，是由原子量与原子序数的差值推断出来的。查德威克怀疑这种射线就是卢瑟福曾预言的这种中性粒子。查德威克立即设计了一个类似的实验，果然发现了同样的射线并立即向科学界宣布，他发现了中子！1935 年，查德威克因为中子的发现获得了诺贝尔物理学奖。约里奥-居里夫妇和玻特虽然早于查德威克发现相关的现象，但都做出了错误的推断，没有进行深入的研究而错失了发现中子的诺贝尔奖。约里奥-居里夫妇在 1935 年因人工放射性的研究获得了诺贝尔化学奖，玻特则在 1954 年因研究宇宙线的成就获得了诺贝尔物理学奖。中子的发现使大家明白了原子核由中子和质子两种基本粒子组成。周期表中的原子序数反映的是原子核中的质子数，也是核外电子数，元素的原子量反映的则是核中质子数与中子数的总和。

在原子物理学的发展中，中子的发现是一件划时代的大事。中子的发现为原子核模型理论提供了重要依据，激发了一系列新课题的研究，引起了一连串的新发现，同时也找到了核能实际应用的途径，用中子轰击原子核比用 α 粒子轰击原子核具有更大的威力。如果说电子的发现打开了原子的大门，那么中子的发现则打开了原子核的大门。

原子的尺度大约为 1×10^{-10} 米，原子核的尺度约为 1×10^{-14} 米。原

子核在原子中只占据很小的空间，它是由质子和中子构成的（见图9.1）。更进一步探索发现，每个质子和中子由三个更小的"夸克"构成，而夸克则由核力场构成。由于质子带电相互排斥，而中子是电中性的，这些原子核粒子之间必须有一个吸引力，原子核才不会因为质子之间的电力排斥而散开。这个吸引力必须足够强，才能克服相距仅 1×10^{-15} 米的两个质子之间的强大斥力。我们前面说过，所有物体之间都有万有引力，在两个基本粒子之间也存在这个力，那让质子之间相吸的力是万有引力吗？通过简单的定量计算就会发现，万有引力很弱，是无法跟电排斥力相抗衡的。既然万有引力太小了，而电力是原子核内部唯一的排斥力，所以一定还有另外的力，它能把原子核维系在一起。

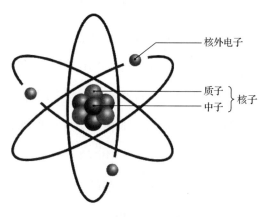

核外电子

质子
中子 } 核子

图 9.1 原子结构示意图

这个力应该具有什么特征呢？通过对原子核结构的简单分析，我们就可以得到以下结论：首先，这个力必然发生在质子和质子之间、质子和中子之间，也要发生在中子和中子之间，它使得两个粒子在相距为 1×10^{-15} 米的时候彼此强烈吸引，这样质子和中子才不会掉出原子核。也就是说，它的强度大于电磁相互作用。其次，虽然这个力在粒子相距很近的时候非常强，强度大于两个质子间的电排斥力，但是它却不能扩展到很远。它肯定不能从一个原子核伸展到旁边的原子核中，如果能扩展的话，原子核就会聚成一团，更大的原子核就会出现——我们所熟悉的元素周期表就会涌现越来越多的元素。也就是说，它的力程不能太远。实验表明，其力程仅仅延伸到 $1×10^{-15}$ 米，也就是相邻的原子核粒子之间的距离。科学家们称这个力为强作用核力，或者简称强作用力。

总结一下我们讲过的自然界的基本相互作用（力）：第一，发生在任意两个物体之间，但是在天文学层级上更为明显的万有引力，也就是引力相互作用，使恒星、行星、星系等保持在一起，决定了宇宙的形状；第二，在原子层级上的电磁相互作用（力）使轨道电子同它们的原子核结合在一起，使原子结合成分子，使物体保持一定的形状；第三，在亚原子层级上的强作用力使原子核保持在一起。除了这三种基本相互作用以外，自然界还存在第四种基本相互作用，即弱作用核力，或简称弱作用力。弱作用力在放射性 β 衰变中起作用。这四种基本相互作用一起决定了宇宙的结构。

由于强作用力是四种基本力中最强的一种，伴随单个核过程的能量变化要比由电力支配的化学过程的能量变化大得多。核能为什么很大？量子论认为这是受不确定原理，一个基本的量子理论决定。由于强作用力的力程很短，任何原子核粒子都被束缚在一个很小的空间区域里。依据不确定原理，位置这样高度确定的任何粒子的速率一定会高度不确定，从而其平均速率必定很大，因此它的动能很大。可以定量地近似求出，任何被束缚在小到 10^{-14} 米的区域里的原子核粒子的平均速率至少是 3×10^7 米每秒，或者是光速的大约 10%。在这样高的速率下，相对论现象开始变得重要。不确定原理对整个原子也是适用的，由于原子中的一个电子的物质场的跨度约为 1×10^{-10} 米，按照不确定原理，原子内的电子速率必须达到约为 0.5% 的光速。

既然原子核也有结构，那么就有可能改变它们的结构。任何改变原子核结构的过程叫作核反应。中世纪被称作"炼金术士"的化学家，就是试图把一种化学元素变成另一种元素，显然不论那个时候的化学家们掌握多少化学知识都没有能实现"点石成金"的梦想，通常的化学反应能太低了，根本不可能实现对原子核的变化，但是今天，核化学家早已实现把一种元素变成另一种，把铅变成金也是可能的，只是这个过程的花费要比获得的金子贵得多!

9.2 放射性衰变

从十九世纪末到二十世纪初的这段时间，放射性现象不断被科学家们发现。1895 年，德国物理学家威廉·康拉德·伦琴偶然发现了一种穿透力很强的、看不见的神秘射线，他用数学中表示未知数的 X 来命名这种射线。伦琴说服了他的夫人充当实验对象，当 X 射线穿过她的手掌时，在荧光屏上显现出了手上戴着的戒指和骨骼（见图 9.2）。伦琴把他的新发现公之于众，立即引起了巨大的轰动。1901 年，伦琴由于 X 射线的发现而获得了首次颁发的诺贝尔物理学奖，成为世界上第一位获得诺贝尔奖的物理学家。X 射线是人类发现的第一种能够透射原本被认为"不可能透射的"物体的透射射线，在科学技术领域有着广泛的应用。在科学领域，随着应用 X 射线衍射法对晶体微观结构的探测以及 X 射线晶体学新学科的出现，逐步建立起研究晶体成分和结构的晶体化学学科。在技术领域，X 射线被广泛应用于医学影像，对医学诊断产生了重大影响。比如在医院体检时，放射科常会利用 X 射线"胸透"对人的心肺功能进行检查。

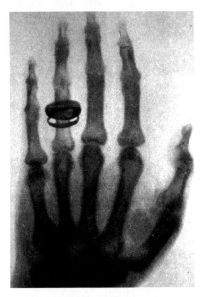

图 9.2　X 射线下伦琴夫人手骨的照片

1896 年，法国物理学家安东尼·亨利·贝克勒尔做完了一周的研究工作，把一些含铀化合物放在抽屉里去过周末。出于偶然，一块未经曝光的照相底板恰好也放在了同一抽屉里。当他过完周末回来时发现，尽管保存在一个暗抽屉里，照相底板却感光了。如果是一个不那么认真的科学家可能随手就把坏了的底板扔掉了，但是贝克勒尔怀疑是在同一抽屉里的化合物里含有的铀和曝光有联系。他发现只要他把铀放在感光底板附近，他就能重复这个结果。显然，铂能辐射出某种东西，使感光板曝光。这个使感光板曝光的现象就是放射性。贝克勒尔尝试让铂经受各种化学处理，但是这并没有使铂产生的效应有什么变化。因此元素的放射性和化学性质没有什么关系。贝克勒尔让自己的助手——年轻的居里夫妇继续相关的研究。

居里夫人（玛丽·居里）1867 年出生于波兰，当时波兰被俄国、德国瓜分，居里夫人的家乡在俄占区。她的童年是不幸的，母亲因得了严重的传染病而早逝，艰难的生活培养了她独立生活的能力，很小就磨炼出坚强的性格。玛丽从小学习就非常勤奋刻苦，对学习有着强烈的兴趣，读了很多自然科学方面的书籍。中学毕业后她渴望在物理和数学领域不断学习，但当时的家境不允许她上大学。1886 年，她开始做长期的家庭教师以获得报酬，1891 年才得以前往巴黎大学深造，攻读物理学和数学。虽然在巴黎求学期间生活清贫，但凭借着顽强的毅力，玛丽通过努力，毕业时同时获得了数学和物理两个专业的学位。居里先生（皮埃尔·居里）是法国人，与玛丽相识时，皮埃尔已经是一个卓有成就的实验物理学家。初出茅庐的玛丽虽然实验技巧不如丈夫，但在数学和物理理论上高丈夫一筹。

居里夫妇借用学校的一间仓库作为研究放射性的实验室。他们在一种柏油状的黑色沥青铂矿中探测到放射性，当然这并不让人奇怪，因为当时已经知道沥青铂矿是含铂的矿石，但让人惊奇的是，尽管沥青铂矿中的铂浓度很低，它的辐射比纯铂的辐射更强。显然，沥青铂矿中含有某种别的物质，它的放射性比铂强得多。居里夫妇承担了从数吨沥青铂矿中进行化学分离出这种物质的艰巨任务。因为新物质及其化学性质当时还不被人知道，这一任务特别艰巨。1898 年，他们最终得到了不足 0.1 克的粉末状的物质。这种物质像铀一样自发辐射，但是它发出的射线比相同质量的铀发出的要强得多。由于这种物质强有力的辐射，居里夫妇把这种新元素命名为镭。同年，他们又发现了另一种能够发出辐射的新元素，为了纪念已被俄国吞并的祖国波兰，玛丽把这种新元素命名为钋。

居里夫妇证实了镭元素的存在，让全世界都开始关注放射性现象。1903 年，居里夫妇与贝克勒尔共同获得了诺贝尔物理学奖，以表彰他们对天然放射性的发现所做的贡献。居里夫人成为世界上第一位获得诺贝尔奖的妇女。1906 年，居里先生不幸死于车祸。玛丽忍受着巨大的悲痛，独自完成原来二人共同承担的事业。1911 年，居里夫人又因创建放射化学这门学科，独自一人获得了诺贝尔化学奖，成为第一个两次获得诺贝尔奖的科学家。

镭虽然不是人类发现的第一个放射性元素，但却是放射性最强的元素。利用它的强大放射性，能进一步查明放射线的许多新性质，从而使放射性元素得到进一步的实际应用。医学研究发现，镭的射线对于各种不同的细胞和组织，作用大不相同，那些繁殖快的细胞，一经镭的照射很快就被破坏了。这个发现使镭成为治疗癌症的有力手段。肿瘤由繁殖异常迅速的细胞组成，镭的射线对于它们的破坏远比周围健康组织的破坏作用大得多，这种新的治疗方法在世界各国发展起来。为了减轻成千上万癌症患者的痛苦，让镭的发现更多地为人类服务，居里夫妇没有为镭的发现申请专利。他们认为镭是属于全人类的，他们不想为镭的发现而致富。

在从事科研事业的同时，居里夫人竭力完成母亲的职责，把两个女儿培养成人。大女儿伊琳·居里跟随母亲从事放射性研究，前面我们已经提及伊琳和她的丈夫约里奥·居里因为对于放射化学的研究于 1935 年获得诺贝尔化学奖。可以说，居里家族为放射性和原子能的发现和利用，做出了不可磨灭的贡献。小女儿艾芙·居里是个音乐教育家和传记作家，曾为其撰写传记《居里夫人传》。该书在居里夫人去世 3 年后写成，详细叙述了居里夫人的一生，着重描写了居里夫妇的工作精神和处事态度。艾芙的丈夫曾以联合国儿童基金组织总干事的身份荣获 1965 年诺贝尔和平奖，一家人四获诺贝尔奖，着实不易。居里夫人的杰出工作，使得科学研究的大门对女性敞开。元素周期表中第 96 号元素锔是一种放射性人造元素，就是以其命名。1934 年，居里夫人患了白内障，手指也受到伤害，最终死于因辐射引发的白血病，在 1956 年伊琳·居里也死于白血病。在 1934 年爱因斯坦居里夫人逝世的悼词中说：在所有的名人中，居里夫人是唯一一个没有被盛名腐蚀的。

从发现铀和镭以来，科学家已经发现了许多有放射性的物质，所有原子序数大于 83（元素铋）的每种核素都是有放射性的，较轻的元素也有许多放射性同位素。例如，碳的三种同位素中，碳-14 是放射性的，碳-12 和碳-13 则不是。这里提到了一个概念核素，有必要简单对核素下一个定义。核素是指具有一定数目质子和一定数目中子的一种原子。很多元素有质子数相同而中子数不同的几种原子，例如氢有 ^{1}H（又称气）、^{2}H（又称氘）、^{3}H（又称氚）三种原子，就是 3 种核素，它们的原子核中都有一个质子，但它们分别有 0，1，2 个中子，这三种核素互称为氢的同位素（见图 9.3）。

卢瑟福对铀原子辐射出的射线进行研究，发现共有三种射线：一种是带正电的 α 射线，一种是带负电的 β 射线，还有一种不带电的 γ 射线（见图 9.4）。后来证实，β 粒子就是电子，γ 粒子就是光

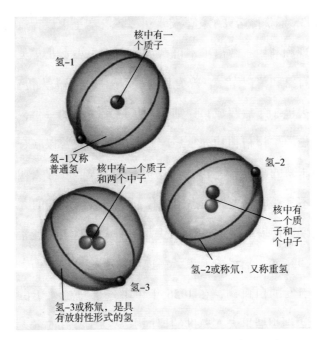

核中有一个质子

氢-1

氢-1又称普通氢

核中有一个质子和两个中子

氢-2

核中有一个质子和一个中子

氢-2或称氘,又称重氢

氢-3

氢-3或称氚,是具有放射性形式的氢

图9.3 ^{1}H,^{2}H,^{3}H 三种核素是氢的三个同位素

子,α 粒子则是带两个正电荷的氦原子核。

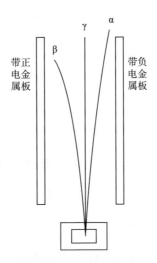

γ

α

β

带正电金属板

带负电金属板

图9.4 放射性物质发射 3 种不同的射线

　　根据两侧极板的电荷属性可以得到,α 射线带有正电荷,β 射线带负电荷,γ 射线不带电。

　　科学家们也发现大多数原子核是稳定的，只要这些原子核没有受到外部影响的干扰，它们将永远保持不变。但是有些原子核是不稳定的，即使它们没有受到外界的干扰，它们最终也会改变自身的核结构。原子核这种自发的结构改变叫作放射性衰变。

　　有两种主要的放射性衰变：α衰变和β衰变。在α衰变中，一个放射性原子核放出一个α粒子。如果α粒子射到空气中，和空气分子的碰撞将立即使它慢下来，然后它将从邻近的原子夺来两个电子，变成正常的氦原子。在β衰变中，一个放射性原子核放出一个电子。如果β射线射到空气中，电子就和空气分子碰撞而慢下来，被邻近的某个原子俘获，变成一个普通的轨道电子。这个由放射性原子核发射出来的电子，则被称为β粒子。

　　大多数放射性核素会通过这两个过程之一衰变，比如铀和镭发生α衰变，释放出α粒子，而碳-14发生β衰变，释放出β粒子。在α衰变和β衰变过程中，原子核受强烈的扰动同时都会发射电磁辐射，因此大多数衰变都伴随着放出一个γ射线光子。虽然人们常说的α射线和β射线本质上是实物的α粒子和β粒子，但它们都是从原子核向外发射出来的，常常也把它们叫作辐射，不过它们并不是电磁辐射，而在两种衰变过程中伴随着α粒子和β粒子释放的γ射线则是一种高能的电磁辐射（详见本书第六章"电磁辐射"）。

　　原子核放射性的发生，是由于这些原子核结合得不是很稳定导致的。不稳定性的原因之一是因为有些原子核太大，一个很大的原子核粘在一起时，每个质子在受到最邻近的几个粒子的短程核力吸引而约束在一起的同时，也会受到其他许多质子的长程电力排斥作用。这是一切比铋（83号元素）重的核素都是放射性核素的原因。

这种情况下发生的放射性衰变通常都是 α 衰变，原子核的一小部分被推出了原子核（见图9.5）。那么为什么被推出来的恰好是一个 α 粒子呢？这是由于 α 粒子，也就是两个中子和两个质子构成的氦元素的原子核，是自然界中最稳定的结构之一，因此从原子核上脱落下来的就是这种质子和中子的组合。一旦脱离了原子核，α 粒子就被残留的原子核中质子的电力有力地推开了。β 衰变是由弱相互作用引起的，弱作用力实际上使一个中子自发转变为一个质子，同时产生一个高能电子。一个原子核中发生这个过程时，这个核就失去一个中子，得到一个质子。受不确定原理支配，在这个过程中产生的电子的位置不确定度很大，比整个原子核都大得多。电子不再被束缚在原子核里，而是带着高能射出，这就是 β 粒子。原子核在放射性衰变过程中变成另一种核素。比如，碳-14 发生 β 衰变，变成氮-14。铀-238 发生 α 衰变变成钍-234。

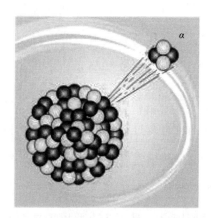

图9.5　在 α 衰变中 α 粒子从原子核中释放出来

从能量的角度来看放射性衰变，释放出的 α 粒子和 β 粒子把微观动能（热能）带走，γ 射线则携带辐射能离开。这些能量来自放射性材料的原子核结构，于是在衰变过程中损失核能，而得到了热能和辐射能。在放射性衰变中，原子核内的力使一个不稳定的原子核中的质子和中子发生变化，变成一个更稳定的形态，在这个过程中，核能转化为热能及其他形式的能量。

放射性衰变，是原子核亚微观本性的体现，体现了量子理论的不确定性。也就是放射性核素都有衰变的可能性，但什么时候衰变却是未知的。对任何一种放射性核素，最重要的统计概念是半衰期，即大量的这种原子核的衰变掉50%的时间。不同的核素的半衰期很不相同，比如碳-14的半衰期大约为6 000年，铀-235的半衰期达到$7×10^8$年，而铀的另一个同位素铀-238的半衰期为$4.5×10^9$年。以碳-14为例，它的半衰期是6 000年，简单来说也就是如果我们有1克碳-14，在6 000年后，只有0.5克的碳-14保留下来，其余的0.5克发生了β衰变转变为氮-14。那么是不是再过6 000年，剩下的0.5克就全部衰变完了呢？并不是这样的，再过6 000年后，又是有50%的碳-14发生了衰变，保留下来的碳-14还有0.25克。以此类推，再过6 000年，还有0.125克碳-14保留下来……半衰期的统计法则永远适用。由此可见，放射性衰变如同一种计时的钟，如果知道一种物质已经衰变掉多少，就可以根据半衰期计算已经流逝了多少时间。所以放射性常用于进行年代测定。

1960年诺贝尔化学奖授予了美国化学家W. F. 利贝，授奖理由就是因为利贝创立了碳-14测年法。通过碳-14测年法可以建立人类历史的时间标尺，为人类各个阶段的发展确立时间点，尤其对于史前史年代体系的建立具有重要的价值，因此这被誉为考古学上的一次革命。地球上的碳主要是稳定的碳-12，碳-14的含量非常少。

虽然碳-14不断衰变，但由于进入地球大气的宇宙线和大气中的氮作用，把氮核变成碳-14，补充了衰变的碳-14，从而使地球大气中的碳-14保持在一个较为稳定的比例。一切生物有机体中的碳最终都来自大气。对于一个活的生物有机体来说，由于它不断与外界进行物质的交换，从而使体内的碳-14比例大致保持与大气中的碳-14相同的比例。生物有机体死亡后，与外界的物质交换停止了，体内碳-14的水平就随着衰变不断降低，这样通过测量残留的碳-14的数量，就可以测定生物有机体死亡的时间了。

9.3 聚变和裂变

9.3.1 核能曲线

人类从三种基本相互作用中获得有用的能量。这三种基本作用就是引力相互作用，电磁相互作用和强相互作用。例如，为了获得工业和社会生活需要的电能，我们可以用水力发电大坝拦出一座水库，从作用在水上的引力能的释放获得电能；也可以在烧煤的火电厂里，从使分子燃烧的微观电力得到电能；或者在核电站里，可以从强作用核力中获得电能。在宏观世界里，引力相互作用最为明显，强作用力最不明显；在微观世界里正好相反，原子核内相邻的两个质子之间的作用力中，强作用力是三者中最强的，电磁力的强度次之，而引力最弱。实际上两个质子之间的引力只大约相当于它们之间静电力的 1×10^{36} 分之一。

由于三种力的强度不同，从三种力得到等量的输出能量所需的燃料量也差别很大。举例来说，一座 1 000MW 的水力发电厂每秒钟要用大约 6 万吨水的引力能；一座 1 000MW 的烧煤的火力发电厂每天需要 10 000 吨煤；而一座同样 1 000MW 的核电厂每年大约只需要用 100 吨铀。

人类在几百万年的时间里对引力已经有一些直观的了解，对电磁力的了解从十八世纪开始，但是直到二十世纪才知道有强相互作用。原子核的聚变和裂变是原子核因强相互作用而发生变化的两种方式。两个原子核聚合形成一个更大的原子核叫作核聚变，而一个原子核裂解大约为两半，形成两个更小的原子核叫作核裂变。

我们首先介绍什么是核能曲线。核能曲线给出了每一个核素中单个粒子的平均核能与原子量之间的关系。图 9.6 中，沿横向从左到右表示原子量逐渐增加，纵向表示核素中每个核粒子（质子或者中子）具有的平均核能。图 9.6 中的水平虚线表示一个孤立的核粒子，也就是它不在任何原子核中时所具有的核能。

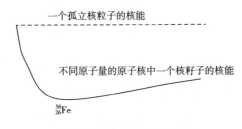

一个孤立核粒子的核能

不同原子量的原子核中一个核籽子的核能

$^{56}_{26}\text{Fe}$

图 9.6　核能曲线的示意图

图 9.6 中的这条曲线显示了关于原子核核能的两个明显的特征。首先，整条曲线位于孤立核粒子核能的水平线之下。这也就表示任意一个原子核中核粒子的核能都小于它孤立存在时的核能。这很容易理解，因为如果我们要把一个核粒子从原子核中取出来，一定要克服强作用力做功，做功传递的能量必然使系统总的核能增加，所以孤立的核粒子的核能最大。

其次，我们可以看到这条曲线先降后升，曲线最低点对应 26 号元素铁，其原子量为 56，也就是说铁元素原子核中核粒子的核能最低。根据曲线特征可以发现，在把曲线下降阶段对应的两个小的原子核聚合在一起变成一个大原子核的时候（核聚变），会有多余的核能释放出来，释放的核能可以转化为热能等其他形式。当然，任意两个原子核要想聚在一起，必须克服它们之间的电排斥力，因为它们都带正电。克服电排斥力的方法就是原子核们都运动得很快，具有一定的微观动能，也就是热能。如果刚才所说的两个原子核聚合成一个较大的原子核的过程中释放出来的热能，能够提供最初聚合所需要的热能的话，这个聚合在能量上就可以是自持的。

而在核能曲线的上升部分，也就是对于那些比铁原子核重的原子核，两个小原子核聚合为大的原子核时核能是增加的，于是必须有其他形式的能量（如热能）源源不断地补充进去。这样的聚合反应只有当外界能够提供所需增加的能量才能维持。直观的解释就是原子核很大，它们之间的电排斥力也会很大，因此需要提供更多的热能给两个原子核，才能让它们聚合在一起。虽然不能用使重核聚变的方法释放核能，但是仔细观察核能曲线的特征还可以发现，如果能裂解一个重原子核，裂变之后的核能就会比裂变之前少，核能将被释放，这样的过程在能量上可以自持。

所以，核能不但可以通过很轻的原子核的聚变而释放，还可以通过很重的原子核的裂变而释放。

9.3.2　恒星演化过程的核聚变

关于聚变过程，前面我们介绍万有引力的时候已经提过，包括太阳在内的每颗恒星，在它们生命的绝大部分时间里，都是通过把氢聚变成氦来获得大部分能量。当恒星中心部分的氢聚变耗尽的时候，恒星就会出现部分坍缩。坍缩的过程中伴随着引力能的释放，释放的能量进一步加热了恒星，不断升高的温度使得恒星内新的聚变反应发生，氦和氦聚变为铍，氦和铍聚变为碳，这些反应能够生成从氦一直到铁的所有元素，但是包含铁的聚变反应不能自持，不能生成比铁重的元素。对于大多数同太阳差不多的恒星来说，这时一切可能的自持的聚变都停止了，引力再次显示其威力，恒星再一次坍缩，最后收缩成一颗白矮星。在时间的长河中，白矮星散尽自身的热量，最终成为黑矮星。质量比太阳大得多的恒星，则会在星体的中心生成一个很大的固体铁的内核。当这个内核越来越大，最终无法承受自身引力的拉力的时候，恒星就在极短的时间突然坍缩为一个小中子星，或者一个黑洞。这一过程会引发超新星爆发，固体铁核的坍缩迅猛剧烈，从而形成冲击波，会把整个星体的80%～90%的物质抛进太空。被抛射到太空的物质不仅包含铁以下的一切元素，也包括比铁重的元素，它们是由爆发的冲击生成的。科学家们认为，超新星爆发过程中被抛射的物质中生成了大量的中子，这些中子与较大的原子核结合在一起使得原子核变得越来越大，这些大原子核由于不稳定会进行放射性衰变，最终形成了那些比铁重的元素的原子核。

9.3.3 核裂变的发现

前面我们已经说过，1896年科学家首次发现放射性衰变，在随后的几十年里，他们对这种新现象进行了认真的研究。他们用现在高能物理中已经很常用的一个简单技术，即用别的小粒子轰击原子核，观察所发生的情况。原子核的裂变就是这样在二十世纪三四十年代被科学家们发现了。

　　1933 年，约里奥–居里夫妇用 α 粒子轰击铝箔，产生了一种以前不知道的磷的同位素。天然的磷是稳定的，但这个新的同位素却有放射性。这是第一次人工制造的放射性同位素，也是第一次在随后的放射性衰变中人工释放核能。约里奥预见到了潜在的后果，他对未来使用这种技术大量释放原子核内的能量表示了担忧。接着没多久，查德威克就发现了中子，科学家们就开始利用中子轰击各种元素，研究核反应。

　　1934 年意大利裔著名物理学家恩利克·费米试着用新发现的中子来轰击原子核，在这个过程中生成了大量的新的放射性同位素。费米轰击的原子序数最大的元素是 92 号的元素铀。费米假设，在用中子轰击的时候，铀核会吸收一个中子，变成不稳定的原子核，然后发生放射性衰变，衰变为一种或几种在周期表中邻近铀的元素。但是这个实验生成的非铀核似乎不符合这种描述，费米不能理解这是什么原因。在此之前，人们已经观测到了许多种引起原子核改变的放射性现象，然而不管是天然放射性还是人工放射性，实验原子的原子序数都只改变 1 或者 2，改变 1 对应着吸收、放出质子或者电子，改变 2 对应着吸收或者放出 α 粒子。生成的新元素与旧元素相比，在元素周期表中的位置只改变一格或者两格。

　　同年，发现了 75 号元素铼的德国女化学家伊达·诺达克针对费米的实验结果率先提出了核裂变的概念，并给出了一个假设：在用中子产生核衰变时，会发生一些全新的、以前未曾观察到的核反应，并进一步认为有可能在重原子核被中子轰击时，原子核会破裂成几块大碎片。很遗憾的是，她的预言在当时被人们普遍忽视了。

1938 年，约里奥-居里夫妇报告说在用中子轰击 92 号元素铀的实验中出现的产物非常复杂，其中含有 57 号元素镧。这太令人费解了，因为旧元素铀和新元素镧相比，原子序数从 92 变到 57，二者在周期表中的位置相差极大。这是什么原因呢？1939 年，德国化学家哈恩和 F. 斯特拉斯曼重复了约里奥-居里夫妇的实验，确认中子轰击铀后的产物是 57 号镧和 56 号钡，产物原子与反应物原子的原子序数确实发生了很大改变。他们没能解释这一现象，于是就把实验结果告诉了当时已经移居瑞典的奥地利犹太裔女物理学家莉泽·迈特纳。迈特纳的外甥奥托·弗里施也是一位物理学家，迈特纳和弗里施共同研究了哈恩的实验结果，经过反复思考后，两人发表了一篇题为《中子导致的铀的裂体：一种新的核反应》的文章。文中他们利用玻尔提出的原子核液滴模型，提出了哈恩的实验结果是一种原子核裂变现象，第一次为核裂变提出了理论基础（见图 9.7）。

图 9.7　核裂变的液滴模型解释

他们按玻尔的思想把原子核看成是一个液滴。在一个外来的中子进入原子核后，球状的液滴也就是原子核，开始被激发，变得不稳定，并断裂成大小相近的两个新液滴，也就是两个新的原子核，完成了原子核的裂变。他们同时指出，铀核裂变会释放出能量，这是一个重要的发现。迈特纳用液滴模型算出，在原子核内的电斥力做功推开两片裂变碎片时，消耗的核能与利用爱因斯坦质能关系计算的铀核和碎片之间的质量差得出的能量完全一致！液滴模型通过了检验，核裂变正式被科学家们所接受。

9.4 链式反应

赫伯特·乔治·威尔斯是英国著名小说家，1914年创作完成小说《获得自由的世界》。威尔斯在这本书里预言了核能、核弹、核战争和世界政府，并首次提出了"原子弹"一词。小说中描述了原子裂变所释放的能量，使得人类企图把它当作终极武器，最终使几百座城市在原子弹爆炸的冲天大火中化为灰烬。他的小说引起了当时移居英国的匈牙利物理学家利奥·西拉德的注意。在中子刚被发现的时候，西拉德就预见了中子带来的可能性：也许某种在能量收支上居有利地位的核反应在某种物质中会发射中子；也许这些中子随后能够轰击同一物质中的其他原子核并且在大量物质中产生一连串类似的反应。这样，中子也许就是释放大量有用的核能的钥匙。西拉德也认识到这个想法如果实现了，将会是一把双刃剑，给人类既带来希望，也带来恐惧。

1939年前后的欧洲在法西斯阴云笼罩之下，大批欧洲科学家逃亡到了美国。身在美国的西拉德注意到了约里奥-居里夫妇和哈恩、迈特纳等人的研究结果，当得知铀核能够吸收一个中子然后分裂成两部分时，西拉德预见到了一个可以实现威尔斯核能梦想的方法。

由于重元素含有的中子数目比质子数多得多，比如 92 号元素铀的一种同位素铀-235，原子核里就有 92 个质子和 143 个中子，这样由铀核裂变而成的更轻的碎片含有的中子数应当比它们的原子序数在正常情况下所含的中子数多得多。因此，在铀核的裂变反应中应当分裂出单个中子，而这些中子又会使别的铀核发生裂变，最终会导致大量的铀核呈链式不断进行裂变（见图 9.8）。随着链式反应蔓延开来，中子的数目将迅速倍增，使几千克的铀的原子核在几微秒内发生裂变。差不多同一时期，费米等人也想到了可以用中子实现链式反应，并且对可能释放的能量做出了估计。

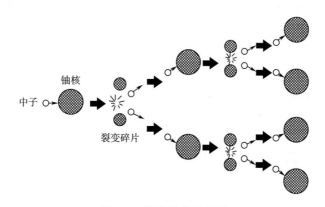

图 9.8　链式反应示意图

与此同时，还在欧洲的科学家们也进行了相关研究。1939 年，让·弗雷德里克·约里奥-居里（玛丽·居里的大女婿，与伊琳·居里结婚后，俩人把他们的姓氏更改为"约里奥-居里"）领导的小组也发现了链式反应，在一个铀核裂变的过程中会同时释放 2~3 个新的中子，在不断的铀核裂变中，巨大的核能就会释放。据说，实验结果出来后，约里奥和他的研究助手曾经犹豫要不要把这个重大的发现公之于众，后来想到火和电的出现都曾给人类带来过灾难，但带来更多的则是文明的进步、经济的发展和生活的改善。他们认为应该相信人类能够掌握自己的命运，核能虽然同样有可能给人类带来灾害，但同时也会给人类带来高度的繁荣和巨大的进步。于是约里奥和研究小组公开了他们的研究结果。

我国著名核物理学家、中国原子能科学事业的创始人钱三强在1937年的巴黎大学镭学研究所居里实验室攻读博士学位，导师是伊琳·约里奥－居里，同时他还在约里奥领导的法兰西学院原子核化学研究所学习。约里奥热爱和平，对中国人民抱有同情，他曾应钱三强的邀请，积极参与营救被美国扣押的中国物理学家赵忠尧。中国放射化学家杨承宗在1947年到1951年期间也在巴黎大学镭学研究所居里实验室攻读博士学位，导师也是伊琳。1951年秋杨承宗回国，他按照时任中国科学院近代物理研究所所长的钱三强委托购买了大量与原子能研究相关的仪器和书籍。临别前夕，杨承宗向约里奥辞行，约里奥通过杨承宗捎话给毛主席："你们要保卫世界和平，要反对原子弹，就要有自己的原子弹。原子弹也不是那么可怕的，原子弹的原理也不是美国人发明的。"回国后，杨承宗通过钱三强向有关领导汇报了约里奥的那段话。此后，正处于美国核威胁、核讹诈下的中国开始逐渐明确了进行原子弹研制的意向。

1939年9月1日，希特勒下令入侵波兰，发动了第二次世界大战。德国科学家沃纳·卡尔·海森堡和哈恩等人也明白核裂变作为武器的潜在可能性。因此，德国于1939年启动了一个秘密的核武器计划，同时禁止了铀的出口。如果法西斯德国提前研制出了裂变炸弹，世界反法西斯的战局就会出现不可逆转的溃败局面。在美国的科学家西拉德、爱因斯坦等人讨论之后认为必须先于德国研制出裂变炸弹，他们以爱因斯坦的名义起草了一封致美国罗斯福总统的信，希望美国政府在财政上支持裂变炸弹的研究。爱因斯坦的信中写道，"费米和西拉德最近的工作使我预料，铀元素有可能会成为一个重要的新能源"，"在大量的铀中建立链式核反应成为可能"，"这种新现象也可用来制造炸弹，并且可以想象，尽管还不太确定，由此可以制造出威力极大的新型炸弹"。信的最后一段又写道："德国实际上已经停了出售它占领的捷克斯洛伐克铀矿所生产的铀，并且在柏林正在重复美国关于铀的一些研究工作。"但是当时国土远离二战战场的美国更倾向于对法西斯的侵略和战争行为执行"不干预"的姑息政策。直到 1941 年 12 月 7 日日本偷袭珍珠港，美国利益受到直接侵害，同时欧洲战局的发展使美国"欧洲均势"政策遭受了沉重的打击。1942 年 1 月美国正式参战，同年 6 月开始实施利用核裂变反应来研制原子弹的计划，也就是"曼哈顿计划"。

美国科学界的铀研究在 1939 年到 1941 年期间取得了很大的进展。科学家们逐渐认识到铀的两种同位素铀-235 和铀-238 之间的重大差别。当一个中子撞击铀时，只有铀-235 才可能发生裂变，而铀-238 则只吸收中子，变成一个新的放射性同位素铀-239。这意味着，一个核炸弹需要几乎纯粹的铀-235 才能维持快速的链式反应。如果铀材料里有许多铀-238，那么它将吸收掉大部分中子，炸弹将不会爆炸。天然铀中的铀-235 不到 1%（见图 9.9），要制造一枚炸弹，必须把这 1% 的铀-235 从 99% 的铀-238 中分离出来。这在许多科学家看来简直是不可能的。困难的地方在于，同一元素的两种同位素在一切化学反应中的行为都完全相同，因此化学方法对分离它们无能为力。提取足以制造一枚炸弹所需的铀-235 是如此困难，以至于很多科学家都认为技术上根本做不到。

^{238}U^{238}U^{238}U^{238}U^{238}U^{238}U^{238}U^{238}U^{238}U^{238}U
^{238}U^{238}U^{238}U^{238}U^{238}U^{238}U^{238}U^{238}U^{238}U^{238}U
^{238}U^{238}U^{238}U^{238}U^{238}U^{238}U^{238}U^{238}U^{238}U^{238}U
^{238}U^{238}U^{238}U^{238}U^{238}U^{238}U^{238}U^{238}U^{238}U^{238}U
^{238}U^{238}U^{238}U^{238}U^{238}U^{238}U^{238}U^{238}U^{235}U^{238}U
^{238}U^{238}U^{238}U^{238}U^{238}U^{238}U^{238}U^{238}U^{238}U^{238}U
^{238}U^{238}U^{238}U^{238}U^{238}U^{238}U^{238}U^{238}U^{238}U^{238}U
^{238}U^{238}U^{238}U^{238}U^{238}U^{238}U^{238}U^{238}U^{238}U^{238}U
^{238}U^{238}U^{238}U^{238}U^{238}U^{238}U^{238}U^{238}U^{238}U^{238}U

图 9.9 天然的铀

大约 140 个铀原子中只有 1 个铀-235（^{235}U），其余都是铀-238（^{238}U）。考考大家的眼力，能不能快速从图中找到唯一的那个^{235}U。

1940 年，科学家们发现当铀-238 受到中子轰击时会吸收一个中子变成铀-239，然后迅速发生 β 衰变发射一个 β 粒子，从而变成第 93 号元素。科学家把这个元素以海王星（Neptune）的名字命名为镎（neptunium），因为海王星是天王星外的行星，而铀（uranium）是以天王星（Uranus）命名的。镎也具有放射性，它也会发生 β 衰变发射一个 β 粒子，因此它衰变生成另一个非天然元素，原子序数为 94。1941 年初，科学家检测出这个新元素，发现它有一个重要性质，它可以像铀-235 一样在受到一个中子撞击时很容易发生裂变。还可以用化学方法把这种新元素从生成它的铀中分离出来，从而避免了同一元素的两种同位素的分离困难。这一元素被命名为钚（plutonium），这是以冥王星（Pluto）命名的。图 9.10 大致演示了这一系列核反应的过程。

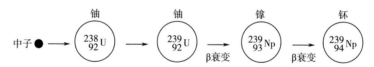

图 9.10　中子轰击铀-238，通过一系列衰变生成钚的过程

"曼哈顿计划"启动后，美籍犹太裔物理学家罗伯特·奥本海默成为这一计划的领导者，在他的周围聚集了一批优秀的年轻物理学家。奥本海默选择了新墨西哥州一块与外界隔绝的沙漠高地为新实验室的地址，并根据当地一所男童学校的名称把该地命名为洛斯阿拉莫斯，创建了美国洛斯阿拉莫斯国家实验室，由奥本海默担任实验室主任。

制造一个裂变武器的关键要素之一，是测定裂变材料的临界质量，即维持一个链式反应所需裂变材料的最少量。如果裂变材料的数量太少，裂变产生的大量中子就会直接穿透材料而不会打中其他的原子核，链式反应则维持不下去。洛斯阿拉莫斯国家实验室的科学家们最先做的事情就是通过理论计算出维持一个链式反应的临界质量。经过计算，铀-235 的临界质量大约为 25 千克；钚-239 的临界质量大约为 8 千克。直到 1945 年 5 月德国投降，德国人也没有制造出核武器，近年来披露的一些资料显示，是因为海森堡等人把铀的临界质量算错了，算出的数值太大，根本造不出来，所以就没有继续研制原子弹了。1945 年 7 月，美国核武器研制成功，但是第二次世界大战已经接近尾声，德国和意大利已经投降，只有日本还在负隅顽抗。广岛和长崎的核爆炸，最终加速了日本法西斯的投降。

1945 年 8 月 6 日上午 9 点，美国的一架 B-29 轰炸机飞抵广岛上空，携带着铀弹。广岛是一个工业城市，拥有一个陆军仓库，一个海港，40 万居民。当世界上第一枚实战核武器落向其目标时，B-29 轰炸机迅速掉头飞走以躲避爆炸的气浪，当机组人员回头看时，城市已笼罩在一团可怕的云中，14 万人当场死亡，受伤的人数差不多也是这么多。到 1950 年，因原子弹爆炸而导致的死亡数字已升至 20 万，占广岛总人口的 50%。1945 年 8 月 9 日，美国在长崎又投下了钚弹，长崎比广岛小一些，当场炸死 7 万人，到 1950 年，总的死亡人数上升至 14 万人，死亡率仍是 50%。1945 年 8 月 15 日，日本投降了。

作为广岛幸存者的日本作家大田洋子曾经说过，"我只是不能理解，为什么我们周围的东西在一瞬间就发生了这么大的变化……我想这可能就是……地球的崩溃，据说在世界末日会发生这种事"。不能吸取历史教训的人注定要重犯历史的错误，如果人类想要使用科学和技术而不在某种程度上毁灭人类自身，那就必须从利用核裂变的事件中吸取教训。可以想象，假如核裂变能量的使用在第二次世界大战早期就被启动的话，那么发生在广岛和长崎的悲剧就会不可避免地在更多的地方发生。爱因斯坦曾经说过，"解脱了羁绊的原子能已经改变了一切，而我们的思维方式却仍然未变，因此我们正漂向前所未有的灾难"。或许，这值得我们每一个人深思。

思考题和习题

1. 如果一种放射性核素的半衰期是 1 年，那么 5 年后它剩下还没有衰变的份额是多少？

2. 自然界中存在的原子序数比铁大的元素一般是怎么生成的？

3. 简述中子轰击铀-238 生成钚-239 的过程。

4. 如果强相互作用的力程变大一些，那么现有的元素周期表将会怎样变化？

5. 最早开始元素周期律研究的科学家是（　　）。

A. 纽兰兹　　　　　　　　B. 门捷列夫

C. 道尔顿　　　　　　　　D. 卢瑟福

6. 提出了原子结构西瓜模型的科学家是（　　）。

A. 汤姆逊　　　　　　　　B. 卢瑟福

C. 玻尔　　　　　　　　　D. 阿伦尼乌斯

7. 提出了核裂变液滴模型理论的科学家是（　　）。

A. 迈特纳　　　　　　　　B. 哈恩

C. 费米　　　　　　　　　D. 诺达克

8. 小说《获得自由的世界》里预言了核能、核弹，这本小说的作者是（　　）。

A. 威尔斯　　　　　　　　B. 狄更斯

C. 罗伊斯　　　　　　　　D. 乔布斯

9. 下列科学家中，最早声称发现了中子的是（　　）。

A. 查德威克　　　　　　　B. 玻特

C. 约里奥–居里夫妇　　　　D. 卢瑟福

10. 原子核的尺度很小，大约为（　　）米。

A. 10^{-8}　　　　　　　　B. 10^{-10}

C. 10^{-14}　　　　　　　　D. 10^{-6}

11. 下列科学家中，最早发现了铀元素放射性的是（　　）。

A. 贝克勒尔　　　　　　　B. 卢瑟福

C. 伦琴　　　　　　　　　D. 哈恩

12. 当铀-238 受到中子轰击时会吸收一个中子变成铀-239，然后迅速发生 β 衰变变成第 93 号元素（　　　）。

　　A. 镎　　　　　　　　　　B. 钚

　　C. 钋　　　　　　　　　　D. 镭

13. 第 94 号元素钚的名字取自（　　　）。

　　A. 冥王星　　　　　　　　B. 海王星

　　C. 天王星　　　　　　　　D. 灶王星

14. 1945 年美国在日本城市（　　　）投下原子弹，这时人类第一次将核武器用于实战。

　　A. 广岛　　　　　　　　　B. 长崎

　　C. 东京　　　　　　　　　D. 大阪

15. 1897 年，（　　　）在实验中发现了电子。

　　A. 汤姆逊　　　　　　　　B. 门捷列夫

　　C. 卢瑟福　　　　　　　　D. 玻尔

10 量子论

　　这一章将讨论二十世纪初物理学家们在微观世界的一些研究进展，也就是量子物理学。通常由于量子物理学理论取代了牛顿力学，所以被冠以"力学"之名，被称为"量子力学"。但是，量子物理学所构建起来的是科学家用来研究微观世界的一套理论体系，它并没有对相互作用和运动进行过多的探讨，实在不能称为"力学"。量子物理学理论的核心是在微观层次上，某些物理量如能量是不连续的，或者说是量子化的。量子化代表了这一理论与牛顿经典物理学理论的根本分歧，它意味着物理学及其哲学影响在根本上的全新发展。量子物理学创生于二十世纪初至二十世纪三十年代，直到现在仍在活跃发展。

10.1　光的量子化

　　回忆一下在第六章介绍过的托马斯·杨用光做的双缝干涉实验。这个实验确立了光的波动学说。在这个实验中，来自单个光源的光穿过两条狭缝，然后撞到一面接收屏上。屏上的亮线是来自两条狭缝的两列光波正好"同相"的地方，所以在这里来自一个狭缝的光波的波峰正好遇上来自另一条狭缝的光波的波峰，波峰正好遇上波峰，于是两列光波叠加后加强了，形成了强度更大的光波。接收屏上的暗线则表示来自一条狭缝的光波的波峰正好遇上来自另一条狭缝的光波的波谷，因此两个波叠加后相互抵消。接收屏上光交替地出现加强和抵消的图样表示光必定是一种波动现象。现在我们已经知道光波其实是一种电磁波，波动的是一个电磁场，光是电磁场中的波，在达到这一认识的过程中法拉第、麦克斯韦、赫兹等科学家做出了卓越的贡献。

　　现在设想用极其微弱的光进行双缝干涉实验，可能的预期是会得到暗淡的，和正常的光进行双缝实验完全一致的结果。但实际的结果并不是这样的。1909 年，当爱因斯坦"光量子"假说提出四年之后，英国物理学家杰弗里·泰勒设计了一个弱光双缝干涉实验，他利用熏黑的玻璃极大限度地降低了光源的亮度，直到理论上在光源与屏幕之间任意时刻最多只有一个光子经过，然后利用照相机的感光胶片超长时间曝光，记录下了经过双缝的光。图 10.1（a）~图 10.1（d)就给出了在弱光双缝实验中随着曝光时间的逐渐延长，干涉图样呈现出来的不断变化的情况。初始曝光时间很短的时候，图样中只有几个亮的光点，就好像光只打到了这些小点上一样，并没有呈现出我们所期望的干涉图样。随着曝光时间的延长，不断出现更多的小光点；曝光时间越长，亮点越来越多，逐渐地干涉图样开始慢慢呈现。观察这一过程，就好像最终出现的干涉图样是一个个单个亮点逐渐形成的一样，所以光波干涉图样是由光对屏幕的微小的、单个粒子似的撞击建立起来的。

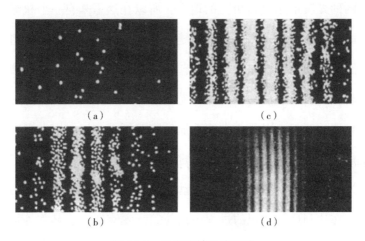

（a）　　　　　　　　　　　（c）

（b）　　　　　　　　　　　（d）

图 10.1　弱光双缝干涉实验

随着曝光时间的逐渐延长从（a）到（d），干涉图样的不断变化情况。

思考人们最初基于双缝干涉实验结果得出光是延展空间电磁场里的波的结论，似乎无法解释弱光双缝实验中光在屏幕上像粒子似的撞击。那么是不是就可以由这些微小的撞击认为光是由微小的粒子构成的呢？如果光是由粒子构成的，那么对于单个的粒子来说，它只能穿越双缝中的一个狭缝，不可能知道还存在另一个狭缝，从而使其更优先地撞击在最终干涉条纹的亮纹内。

那么究竟是什么在穿越双缝呢？怎么解释光在屏幕上像粒子似的撞击呢？科学家们花了很长时间解决这些问题，现在量子物理学给出的解释是并没有粒子穿过两条狭缝，穿过狭缝的是一个在空间分布的电磁场。与麦克斯韦等十九世纪物理学家所认为的场不同的是，这个电磁场具有一个崭新的特征，电磁场是量子化的。一个量子化的电磁场的能量只能取某些特定的值。比如，对于频率为 ν 的光，携带这个光的电磁场只能拥有以下大小的能量，0J，1$h\nu$J，2$h\nu$J，3$h\nu$J…，其中 h 是一个常数。显然，电磁场的能量只能是 $h\nu$ 的简单倍数，不能取其他能量值。为了分析方便这里做了简化，电磁场的最低能量不能是 0J，实际的情况应该在这些能量基础上都统一加上一个相同的数值，但是不同能量之间的差值一定是 $h\nu$ 的倍数。

答案看起来很简单，但是要真正理解它却并不容易。就像丹麦物理学家尼尔斯·玻尔曾经说过的，"一个人要是对量子物理学不曾感到震惊，他就根本没有理解它"。

这是一个普遍的规则，一个携带电磁辐射的电磁场的总能量必须是某一能量值的简单整数倍。德国物理学家马克斯·普朗克对最终发现这个普遍规则做出了最初的和最重要的贡献。普朗克出生于德国荷尔施泰因，青年时期开始对数学、物理有了浓厚的兴趣，他先在慕尼黑大学攻读数学专业，后改读物理学专业。十九世纪末，维恩等人在对黑体辐射实验进行解释的时候，发现基于经典物理学所提出的理论诠释和实验结果总是存在偏差。普朗克从 1896 年开始对热辐射进行系统研究，经过几年艰苦努力，终于得到了一个和实验相符的公式。1900 年普朗克发表了题为《论维恩光谱方程的完善》的论文，并在德国物理学会上宣读了自己的研究结果，他认为为了从理论上得出正确的辐射公式，必须假定物质辐射（或吸收）能量不是连续地进行，而是一份一份地进行的，且只能取某个最小数值的整数倍。虽然这一发现已经很让人震惊，但这一认识却并不彻底，普朗克只是假设"辐射或吸收能量不是连续地进行"，也就是说他认为只有能量在发射和吸收的时候才是一份一份的，而电磁辐射携带能量传播过程中仍是连续的。曾经有人问普朗克辐射到底是连续的，还是不连续的，普朗克通过一个例子反问他，假设水池边有一个水缸，有人用小碗从水缸里一碗碗舀到池子里，那么水是连续的呢，还是不连续的呢？这充分证明了普朗克认为辐射能本质上是连续的，只有在吸收和发射的时候才是一份一份分开进行的。

虽然普朗克在这一问题的认识上并不彻底，但不可否认是他第一次提出了量子化的观点，叩开了量子物理学研究的大门。为了纪念普朗克的开创性工作，常数 h 被称为普朗克常数。后来爱因斯坦在研究光电效应实验的时候，通过正确地预言实验的结果，进一步发展了普朗克的理论。

把这个规则总结如下：一切电磁场都是量子化的。携带频率为 ν 的电磁辐射的电磁场的能量必须是能量增量 $h\nu$ 的整数倍，其中 ν 是电磁辐射的频率，h 是普朗克常量，数值上等于 6.6×10^{-34} J/Hz。而量子化的电磁场（辐射）所具有的最小能量增量 $h\nu$ 被称为一个能量量子。

前面看到的双缝干涉实验中的微小撞击，就是电磁场能量的单个量子。假设光极其微弱，以至于平均来说，在某个很短的时间间隔内电磁场只能把一个能量量子交给屏幕。整个延展的电磁场穿过两条狭缝，充满在光源和屏幕之间的空间，但是在这个时间间隔内它至多能够传送一个能量量子。这个场必须在一瞬间交出它的能量量子，因为这个场不能携带一个量子的一部分，它必须永远包含要么正好一个，要么正好零个能量量子。

当场把它的能量量子交给屏幕时，整个延展的场必须瞬时地失去这么多能量。但是能量必须只交给屏幕上的一点，因为屏幕是由原子构成的，这些原子也是量子化的，每个原子必须要么吸收，要么不吸收整个能量量子。一个原子不能吸收半个，或其他非整数个能量量子。所以，在双缝实验中，每次撞击中都把一个能量量子交给了屏幕上的一个原子。

这样就能解释为什么可以在双缝实验中观察到光具有粒子般的行为。由于这些微小的撞击并不是粒子，而仅是整个延展的电磁场的能量增量。这些行为与粒子相像的能量量子又被叫作光量子，或者光子。爱因斯坦最早提出了"光量子"的概念。普朗克的能量子假说提出后，爱因斯坦从中得到了启发。当时的物质理论认为物质是由一个个原子构成的，但由物质发出的光（电磁辐射）却被认为是连续的，爱因斯坦注意到在原子的不连续性和光波的连续性之间存在着矛盾。为了解释光电效应，1905 年爱因斯坦在普朗克能量子假说的基础上提出了光量子假说。光电效应现象由德国物理学家赫兹于 1887 年发现，当紫外线这一类的波长较短的光线照射金属表面时，金属中便有电子逸出，这一现象就被称为光电效应。光电效应实验显示，微弱的紫光能从金属表面打出电子，而很强的红光却不能打出电子，就是说光电效应的产生只取决于光的频率而与光的强度无关。这个现象用光的波动说是解释不了的。因为光的波动说认为光是一种波，它的能量是连续的，和光波的振幅即强度有关，而和光的频率即颜色无关。如果微弱的紫光能从金属表面打出电子来，那么很强的红光更应该打出电子来，而事实却与此相反。爱因斯坦的光量子假说认为，光是由光量子组成的，光的能量是不连续的，每个光量子的能量要达到一定数值才能克服电子的逸出功，从金属表面打出电子来。微弱的紫光虽然数目比较少，但是每个光量子的能量却足够大，所以能从金属表面打出电子来；很强的红光，光量子的数目虽然很多，但每个光量子的能量不够大，不足以克服电子的逸出功，所以不能打出电子来。光量子假说成功地解释了光电效应。

"粒子"一词很容易让人误认为是经典物理学中牛顿等人在光的微粒说中所说的"微粒"，但两者具有明显不同的含义。光子并不是简单的牛顿意义上的粒子，它是一个延展的电磁场的能量增量。精确地说，在双缝实验中，直到发生一次撞击之前，是没有光子的。不能认为是光源发射了一群单个的粒子，每个粒子都穿过两条狭缝中的一个，然后运动到屏幕。也不能认为在屏幕的某一点发生撞击的前一时刻，恰好有一个光子到达了该点。实际发生的事情是，填满整个空间的电磁场在顷刻间失去了一个能量量子，而在同一时刻这个能量量子出现在屏幕的特定一点上。在发生撞击的那一时刻之前是没有光子的。在光子出现的那一刻，整个延展的场消失了。物理学家常常这样描述这个过程：延展的场坍缩为一个小点。

10.2　电子的波动性

所有的实在都是由辐射和实物粒子构成。辐射是在电磁场中的电磁波，上一节中我们看到电磁场是量子化的，也就是说，尽管辐射是电磁场中的一个波，但它也具有类似粒子一样的行为。那么实物粒子又怎么样呢？

爱因斯坦关于光电效应的解释中提出辐射量子化的工作被法国青年物理学家路易·维克多·德布罗意注意到了。德布罗意最初在巴黎索邦大学学习历史，1910年大学毕业获文学学士学位。德布罗意的长兄莫里斯·德布罗意是实验物理学家，在第一届索尔维会议中担任秘书一职。一次偶然的机会德布罗意听到莫里斯谈论光、辐射和量子性质等问题，激起了对物理学的强烈兴趣，从而放弃研究法国历史的计划，转向研究理论物理学。德布罗意在巴黎大学攻读物理学博士学位期间，他的导师是著名的物理学家保罗·朗之万（朗之万是皮埃尔·居里的学生，也是法国共产党党员。朗之万强烈反对纳粹，二十世纪三十年代曾到访中国，在其建议和推动下成立了中国物理学会）。德布罗意认为，既然光波有粒子性，那么粒子是不是也应该有波动性呢？1923年，他根据狭义相对论提出了"物质波"的思想，指出不仅光波具有粒子性，电子等实物粒子也具有波动性，辐射和实物之间应当有一种对称性。尽管当时缺乏实验证据支持他这个大胆的想法，德布罗意还是觉得这一理论非常完美，于是将这一认识写进了自己的博士学位论文。论文得到了答辩委员会的高度评价，认为很有独创精神，但也认为这个设想无法验证，不知道如何处理这篇论文。朗之万将德布罗意的论文寄给了爱因斯坦，征求他的意见。这篇论文给爱因斯坦留下很深的印象，后来他评论说："这是在物理学的这个最难解的谜团上的第一缕微弱的光。"答辩委员会最终通过了德布罗意的学位论文。物质波的概念第一次被提出来了。

德布罗意的观点确实很让人震惊。单个实物粒子怎么能是一个在空间延展的波呢？虽然当时没有实验可以验证德布罗意的观点，但他在所设想的辐射与实物的对称性的基础上继续深入研究，进一步推导出了实物粒子的波长 $\lambda = h/m\nu$，其中 h 就是前面所述普朗克常数，m 是实物粒子的质量，ν 是实物粒子的运动速率。

如果我们把德布罗意给出的实物粒子波长的公式用到一个典型的宏观物体上，比如一个 1 千克的球，当它以 1 米每秒的速率运动的时候，可以算出它的波长大约只有 10 亿亿亿亿分之一米，也就是 10^{-34} 米。这比可以探测的长度小太多，远远小于一个原子的尺度，所以宏观物体的波动性从来没有被看到过。在德布罗意的公式里，质量在分母上，所以质量越小，波长就会越大，因此微观粒子的波长要大得多。对于电子，按照德布罗意公式，它的波长大约是 10^{-11} 米，约是一个原子大小的十分之一，虽然还是很小，但已经可以在一些实验中检测出来了。

1927 年，英国物理学家 G. P. 汤姆逊完成了电子衍射实验。G. P. 汤姆逊生于 1892 年，是著名物理学家、诺贝尔物理学奖获得者约瑟夫·约翰·汤姆逊的儿子，上一章中介绍过约瑟夫·约翰·汤姆逊最先发现了电子。G. P. 汤姆逊将一束电子流穿过薄金属箔，大量电子撞击金属箔后面的一个屏幕所形成的图样是一个波的衍射图样（见图 10.2），由这个衍射图样可以算出其对应波的波长，和德布罗意预言的电子波长一致。同年，美国贝尔实验室的物理学家克林顿·戴维森与雷斯特·革末设计与研究成功了戴维森-革末实验，他们用低速电子入射于镍晶体，同样获得了电子的衍射图案，验证了德布罗意的预言。G. P. 汤姆逊和戴维森因为研究电子被晶体衍射现象的实验工作共同获得了 1937 年的诺贝尔物理学奖。

德布罗意给出的实物粒子波长公式 $\lambda = h/m\nu$ 和辐射量子化的公

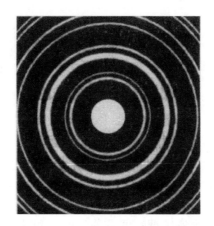

图 10.2　G. P. 汤姆逊电子衍射实验结果

式 $E = h\nu$ 相似，两个公式都联系了一种粒子性质和一种波动性质。普朗克常数 h 的数值很小，因而一个实物粒子的波长和一个光子的能量都非常小。波长很小意味着实物粒子波动的一面很难探测出来，能量很小意味着辐射的粒子性难以探测。这就是为什么通常实物被认为是由粒子构成的，而辐射是由波构成的原因。

至此，德布罗意的物质波理论就非常清晰了，每一个实物粒子都具有波动性质，其波长等于 h/mv，其中 h 就是普朗克常数，m 是实物粒子的质量，v 是实物粒子的运动速率。真的很难想象，一个实物粒子怎么会有一个波长？

1961 年，德国物理学家克劳斯·约恩松率先用电子来做双缝实验（见图 10.3），他发现电子也会有干涉现象。1974 年，皮尔·乔治·梅利等人在米兰大学的物理实验室里，成功地将电子一粒一粒地发射出来，去观察双缝实验的结果。用电子做的双缝实验结果看起来和用光做的双缝实验结果完全相同！在屏幕上看到的图样是一个波的干涉图样，表示穿过两条狭缝而来的波到达观察屏幕时发生

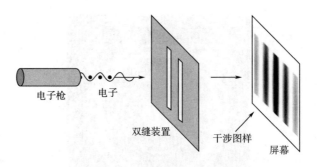

图 10.3　电子双缝干涉实验装置

干涉。这确定无疑证实了德布罗意关于电子和其他实物粒子具有波动性的思想，而且实验的定量结果完全符合德布罗意关于这种波的波长公式的预期。实验结果很令人震惊，电子通过狭缝打出去，电子发生了干涉，因此它们必定是波。到底怎么回事呢？1974 年的实验使用的是强度弱得多的电子束，就好像第一节中介绍的弱光双缝实验一样，实验中电子被一粒一粒地发射出来。当曝光时间很短时，电子束只在屏幕上几个小点上撞击屏幕，此时根本看不到干涉图样的痕迹。延长曝光时间，就可以看到更多的撞击点，随着曝光时间不断延长，干涉图样在单个撞击的图样上开始慢慢浮现，最终呈现出来的干涉图样是大量的单个小撞击的结果（见图 10.4）。如果认为电子干涉图样是不同电子之间相互作用的结果，那么当实验中让电子一个一个地穿过狭缝，同样的结果也出现时，就不能再认为这是不同电子相互作用的结果了。因为即便是每小时只有一个电子穿过狭缝，积累了许多小时之后的撞击仍然会形成一个干涉图样，哪里还有什么电子之间的相互作用呢！

　　2002 年 9 月，英国《物理世界》（*Physics World*）杂志开展了一次调查，要求物理学界的学者提名历史上最美的物理实验。调查结

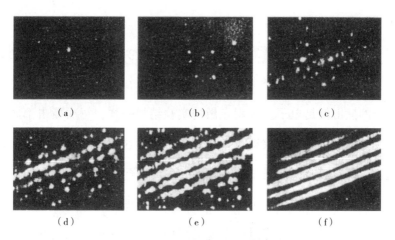

图 10.4　电子双缝干涉实验图样

随着曝光时间的逐渐延长即从（a）到（f），干涉图样的不断变化情况。

果显示，在学界公认最美的实验都是那些用最简单的仪器和设备，发现了最根本、最深邃科学现象的实验。其中，克劳斯·约恩松的电子双缝实验，排名第一被选为最美的物理实验。简单地列出这十个最美物理实验，部分实验在本书中已有提及，感兴趣的读者可以更深入地了解。第一，克劳斯·约恩松的电子双缝实验；第二，伽利略的自由落体实验；第三，美国物理学家罗伯特·密歇根的油滴实验，这个实验测定了电子的电量；第四，牛顿的棱镜色散实验；第五，托马斯·杨的光的双缝干涉实验；第六，英国物理学家亨利·卡文迪什的扭矩实验，精确地测量出引力常量；第七，古希腊数学家埃拉托色尼测量地球圆周长，其测量结果和现代科学方法测得结果仅相差了约 2 千米；第八，伽利略的斜面实验；第九，卢瑟福 α 粒子散射实验；第十，法国科学家傅科钟摆实验，实验简单明确地证明了地球的自转。电子双缝实验因其在验证物质波理论的重要贡献上被选为第一，物理学家费曼就曾说过，这一实验包含了量子力学的核心思想。

　　电子双缝实验的结果和上一节光的双缝实验结果一致。在光的实验中，每个单个的撞击被称为一个光子；在电子的实验中，每个单个的撞击就是电子。像用光做的实验结果一样，每次撞击都倾向于优先发生在图的亮纹即干涉相长的部分。这意味着每个电子都知道它应该对双缝干涉图样做出贡献，每个电子都知道两条缝都开着。但是我们已经习惯认为电子是粒子，是粒子就只能通过两条缝中的一条，肯定不会同时穿过两条缝的。那么，只穿过一条缝的单个电子，怎么能知道另一条缝也开着呢？

　　量子物理学对这个问题的解答，跟对于光的双缝实验给出的解答一致。那就是有一个延展的场穿过两条缝，并且在缝与屏幕之间的区域里发生了干涉。那么接下来的问题就是，这是一个什么场？电子双缝实验中的场不可能是一个电磁场，因为一个电子束不是一个电磁波。实验和电磁学毫无关系，不论是用带电的电子，还是用不带电的中子做这个双缝实验，结果都是相同的。穿过双缝的场一定是某种崭新的东西，这个场被称为"物质场"。德布罗意所提出的物质波正是物质场中的波，就如同已经知道的电磁波是电磁场中的波一样。而且，如同光的双缝实验所表现出来的电磁场是量子化的，电子的双缝实验也说明物质场同样是量子化的。

　　前面已经讨论过电磁场的量子化，所以很容易推及物质场的量子化。物质场是量子化就是说，一个物质场只能拥有某些特定大小的能量，这个能量只能是 mc^2, $2mc^2$, $3mc^2\cdots$其中 c 是真空中的光速，m 是物质场对应粒子的质量（如果是电子的物质场，m 就是电子的质量；如果是中子的物质场，则 m 是中子的质量），mc^2 是相对论质能关系给出的粒子的总能量。因此，当我们说物质场的允许能量是 mc^2，$2mc^2$ 等时，我们只是在说物质场必须包含足够的能量从而得到一个粒子、两个粒子等等，而不是中间的一个什么能量值。正像辐射场的量子叫作光子一样，物质场的量子叫作电子、中子等。

对上述分析进行总结，我们可以得到物质的量子理论：自然界存在一种新的场，叫物质场，物质场是量子化的。例如，电子的物质场只能具有整数个电子相应的能量，电子正是其相应物质场的能量增量量子化。因此可以说，在双缝实验中除了发生碰撞的瞬间以外，并没有电子，不能想象成一群所谓的"电子"粒子从电子源穿过两条缝运动到屏幕。如果在某点发生了一次撞击，不要想象有一个电子在撞击前一刻到达该点。在撞击那一瞬时之前没有电子。在此之前，只有一个延展的物质场。

量子物理学认为，电子并不是牛顿经典物理学框架下的微粒，电子是量子，是一个延展的物质场的一份能量增量，正如光子是量子，是一个延展的电磁场的一份能量增量一样。量子物理学认为基础实体是物质场，而不是电子和质子等等。这就是说，物质场是物理实在的，正如电磁场是物理实在的。光子只是电磁场的量子，电子等只是物质场的量子。大自然之所以有像粒子的一面，其原因是大自然是由场构成的，而这些场是量子化的，这些场表现为粒子的一面是其量子化的体现。美国物理学家温伯格曾经说过，"量子场是宇宙的基本成分，粒子只是场的能量和动量小包……因而量子场论导致一个比以往的既有场又有粒子的二象解释更统一的自然观"。

1897 年，约瑟夫·约翰·汤姆逊研究阴极射线的时候发现了电子，汤姆逊看到了阴极射线管里被电场偏转的射线，证实了阴极射线（电子）的微粒性（前已提及，约瑟夫·约翰·汤姆逊的儿子 G. P. 汤姆逊 1927 年完成了电子衍射实验，证实了电子的波动性）。虽然这一射线和其他高能物理实验中电子或其他粒子产生的"径迹"一样是电子（或其他粒子）存在的很有说服力的证据，但它们并不使电子是一个延展的电子物质场的一份能量增量的观点失效。径迹是由物质场与气体分子或水分子之间的相继的单次相互作用所造成的。在每次与一个气体分子或水分子相互作用时，物质场就会坍缩为一个微小的电子撞击，但在各次撞击之间的时间里仍然是一个延展的物质场。

10.3　量子观念

通过光的双缝实验，我们已经知道辐射是量子化的。实验生成的图样可以看成是由大量光子撞击而得，但是每个光子实际上都代表整个场的能量增量，所以每个光子都"知道"整个延展的场的情况，撞击位置最终呈现出的图样有一定的规律性。仔细观察这个实验会看到，光子撞击屏幕是相当无规律的，单个光子撞击在什么位置是随机的。但是在这种无规律撞击中又有一个图样，光子极少打在图样中暗纹的区域，而是优先打在将成为亮纹的区域。对干涉图样的最直观描述就是它是由大量单个撞击形成的统计图样。这种单个撞击，或者说延展的电磁场在什么地方失去它的一个能量量子的不可预见性或不确定性是全部量子物理学的特征。双缝实验的奇特之处还在于，正好在一个光子撞击屏幕的那一瞬时，整个电磁场的能量突然向下移动了一个能量量子。对于一个延展的、充满空间的电磁场，怎么能正好在屏幕上发生光子撞击的那一瞬时突然失去能量呢？或者说，这个延展的场怎么能突然"知道"发生了光子的撞击呢？这一令人困惑的情况是"非局域性"的一个表征，它是普遍的量子现象。这样，我们就知道了量子化的电磁场具有不确定性，也具有非局域性，分别称之为量子不确定性和量子非局域性。

对于电子双缝实验的分析其实和光的实验是相同的。在电子双缝实验中，每秒有几十亿个电子撞击屏幕生成了干涉图样，但每个电子都"知道"整个实验装置的情况，因为每个电子只是整个延展的物质场的一个能量增量，也就是一个量子。单次电子撞击是无规的，撞击发生的位置，或者延展的物质场在什么位置上把其一份能量量子转移给屏幕都是不可预测的。在电子双缝实验中量子化的物质场也具有非局域性，在电子撞击发生的那一瞬时，整个延展的物质场瞬间就在撞击点交出了一整个能量量子。所以量子化的电磁场也具有量子不确定性和量子非局域性。

量子物理学对事物的认识和观念，已经突破了牛顿经典物理学的界限，是牛顿经典物理学所不能包容的。这些观念就包括我们前面提到的电磁场的量子化，存在物质场，以及物质场的量子化等。除了量子性以外，量子不确定性和量子非局域性也是对牛顿经典物理学的突破。

在电子的双缝实验中，如果用牛顿经典物理学理论来解释，电子不同的撞击位置是因为电子以不同的方式离开电子源造成的，也就是说电子初始运动状态的不同造成了它们落在屏幕上的不同位置。那么，调节电子源制备出状态完全相同的电子，这样它们都会撞在屏幕上的同一点吗？实验发现并不是这样的，即使在每次撞击前预先制备出完全相同的电子，撞击仍然分散地发生在干涉图样上的不同点处。对于这一情况，物理学家费曼曾经说过："一位哲学家曾经说过，科学本身存在的必要条件是相同的条件永远给出相同的结果。可是，事情却不是这样。"按照牛顿经典物理学的观念，全同的物理条件将产生全同的结果，但是在电子的双缝实验中，即便所有的电子都是全同的，结果却不同。是什么使撞击发生在不同的点上呢？量子物理学认为，这是大自然的一种固有的不确定性。与常识，或者与牛顿经典物理学相反，全同的原因可以产生不同的结果。在电子双缝实验中，没有办法预测确定的撞击位置，这显然与牛顿经典物理学"只要知道了物体运动的初始条件，那么未来就是确定的"观念截然不同，未来并不是完全由现在决定，这是微观世界的一条普遍规则。大自然在根本上就是不确定的。量子不确定性并不只发生在微观世界，它还可以放大为宏观世界中的容易观察到的事件，例如前面介绍过的原子核的放射性衰变。

尽管单次撞击不可预言，但是总的双缝干涉图样是可以预测的。1926 年，德国犹太裔物理学家马克斯·玻恩（见图 10.5）首先提出，干涉图样是每次电子撞击的概率图样，并进一步认为，物质场在任何特定一点的强度，都对应着如果在这一点有一个屏幕的话，电子撞击将在该点发生的概率。概率的概念读者可能比较熟悉了，比如我们抛掷硬币，结果正面朝上或者反面朝上的概率都是一样的。但是宏观实验中的概率和量子物理学中的概率存在明显的不同。在抛掷硬币的时候，硬币的运动依然服从牛顿经典物理学。只要对硬币受力的情况、硬币运动的初始条件及环境有足够了解，抛掷的结果原则上是可以利用牛顿经典物理学进行预测的。抛掷硬币结果的不确定性来自对细节了解的不充分，但是量子事件甚至在原则上就是不可预测的。

概率是数学中的概念，玻恩具有相当高深的数学知识和技巧，曾跟随三位数学巨匠戴维·希尔伯特、菲利克斯·克莱因、赫尔曼·闵可夫斯基学习。玻恩少年时期兴趣广泛，不确定自己大学攻读的专业是什么，便向父亲征求意见。玻恩的父亲是一位生理学教授，他建议不必着急确定学习方向，这样对一个人的发展局限性太大了，不如在大学一年级的时候选修自己喜欢的所有课程，等对科学的概貌有了一个大致的了解之后再确定方向也不迟。于是，玻恩在大学一年级选修了涉及数学、天文学、物理学、化学、动物学、哲学、艺术史和逻辑学等学科的多门课程，广泛涉猎之后，最终确定数学和物理学为他深入研究的方向。

虽然玻恩给出了概率波解释，但也有物理学家持不同的意见，认为不确定性并不是自然界的本质属性，而是因为目前还没有认识到支配微观世界的真正原理，如果这些原理被发现，那么自然界一定是可预言的。爱因斯坦就是其中一位，他曾经说过："我相信，有可能建立一个理论，它能给出实在的完备描写，它的定律确立的是事物本身之间的关系，而不仅仅是它们的概率之间的关系……量子力学给人的印象是深刻的，但是一个内心的声音告诉我，这还不是真正的理论。这个理论给出了许多结果，但是并没有使我们离上帝的秘密更近一些。无论如何，我确信他不玩骰子。"而爱因斯坦的朋友，认为不确定性是自然界的本质属性的玻恩则说，"阿尔伯特（爱因斯坦的名），别吩咐上帝该做什么"。

爱因斯坦在二十世纪三十年代引用了细致的例子，试图证明固有的不确定性将是荒谬的。但是量子物理学持续保持着对爱因斯坦等人认为是荒谬的量子预言进行实验成功的完美记录，这些预言是真实地发生的。量子不可预言性是因为大自然的基本的不确定性，而不是仅仅由于我们对预言大自然无能为力。

双缝实验中干涉图样的可预言性表明，尽管单次撞击不可预言，但物质波是可以预言的。1926年，奥地利物理学家埃尔温·薛定谔（见图10.5）提出了预言物质波运动的方法。薛定谔从一个用来描述别的领域的波动现象的著名公式出发，嵌入德布罗意关系式和一些大胆高明的猜测，建立了薛定谔方程。薛定谔方程是量子物理学中描述微观粒子运动状态的基本定律，描述了电子或任何别的实物粒子的物质波在多种多样情况下的运动。薛定谔方程准确地描述了用电子做的双缝实验和电子穿过固体薄膜时所观察到的干涉图样等现象，其对原子内部电子的预言与原子物理学实验一致。薛定谔方程在量子物理学中的地位大致相当于牛顿运动定律在经典物理学中的地位。

图 10.5　德国物理学家马克斯·玻恩（左）
和奥地利物理学家埃尔温·薛定谔（右）

薛定谔是量子物理学的主要奠基人之一，同时也是分子生物学发展的先驱。1887年，薛定谔出生在奥地利，他少年时期受哲学家叔本华影响，对哲学、宗教充满兴趣，大学期间转而学习数学与物理。1926 年，39 岁的薛定谔建立了量子力学的波动力学理论之后，接替普朗克担任柏林大学物理系主任，1939 年到爱尔兰都柏林高级研究所工作。1943 年，56 岁的薛定谔在都柏林圣三一大学发表了三场题为"生命是什么？"的公开演讲，演讲的内容于次年作为同名图书出版。薛定谔在演讲中试图用热力学、化学和量子力学理论来解释生命的本性，他提出了三条对生命的开创性认识：其一，生命来自负熵（第一次明确了负熵的概念）；其二，遗传的基础是有机分子，遗传密码储存于"非周期大分子"中；其三，生命以量子规律为基础，量子跃迁可以引起基因突变。薛定谔的这三点认识，可以认为是现代生物遗传学和分子生物学的基础。提出蛋白质双螺旋结构的詹姆斯·沃森和弗朗西斯·克里克年青时都读过薛定谔的《生命是什么？》这本书，正是这本书吸引他们开始了基因研究的工作。1961 年，薛定谔因肺结核病逝于维也纳，按其意愿安葬在风景优美的阿尔卑巴赫，墓碑上刻着以他的名字命名的薛定谔方程：$i\hbar\dot{\psi} = H\psi$。

　　丹麦物理学家尼尔斯·玻尔也是量子物理学的重要奠基人之一。或许是因为曾在卢瑟福实验室里学习的经历，玻尔对研究原子模型充满兴趣。1913 年，玻尔通过引入量子化条件，提出了以半量子化的玻尔原子模型来解释氢原子光谱。这不仅使其成为继普朗克和爱因斯坦之后，用量子理论解释自然现象的第三位先驱者，也为后来的全量子的原子理论做好了准备。玻尔的量子原子模型理论逐渐被学界肯定，越来越多的人采用量子理论来解释各种自然现象，1922 年，玻尔因其原子模型和氢原子光谱的工作而获得诺贝尔物理学奖。

玻尔从卢瑟福实验室返回丹麦后，在哥本哈根大学任教，由于其原子模型理论的成功，逐渐吸引了一些世界各地的青年科学家前来求学。其中就包括奥地利的泡利、德国的海森堡和英国的狄拉克等人，他们在后来逐渐形成了量子物理发展中重要的哥本哈根学派。在二十世纪二三十年代，玻尔和哥本哈根学派的科学家们逐渐形成了量子理论的哥本哈根诠释，对量子物理学基本理论的含义提出了一些看法，物质波的概率解释、不确定原理和互补原理是这一诠释的核心观念和思想。

海森堡曾经说过："有些物理学家宁愿回到一个客观的真实世界的观念，它的最小部分也在和石头或树木存在的同样意义上客观存在着，而与我们是否观察它们无关。但是这是不可能的……（机械式）的宇宙观依靠的是这样一个幻觉，即我们周围世界直接的'现实性'可以外推到原子的疆域。但是，这种外推是不可能的，原子不是石头或树木那样的东西。"对于一个微观粒子不确定性而言，并不是说缺乏有关它的位置的知识，而是说这个粒子实际上没有确定的位置，它的物质场充填在它的全部可能值范围。

1937年玻尔访问美国返回丹麦途中，受中国国内学界邀请访问了中国。玻尔在此期间到访了上海、杭州、南京、北京（当时称北平）四地，多次做了题为"原子核"和"原子物理中的因果性"的演讲。访问期间，玻尔游览了杭州西湖、灵隐寺、南京明孝陵、中山陵、天坛、故宫、景山等处，也参观了北京大学、清华大学的物理实验室，与王淦昌、束星北等国内物理学家深入地讨论了相对论和量子理论研究的一些前沿问题。1937年6月7日，玻尔一行从北京乘火车出山海关，再转乘火车赴苏联。一个月后，卢沟桥事变爆发，日本全面侵华。对于玻尔访华，当时国内新闻界对其进行报道时，赞誉其为"二十世纪原子物理学的开拓者"和"世界今日最大的物理学家之一"。玻尔对中国学界的评价也很高，在北大物理实验室参观时，吴大猷、郑华炽等人做了研究拉曼效应的光谱实验，玻尔对拍摄的光谱照片十分赞赏。在杭州访问期间，他与在浙江大学教书的束星北讨论后，赞誉其是"中国的爱因斯坦"。束星北早期做相对论方面的研究，在浙江大学教书期间培养出后来获得诺贝尔奖的李政道，全民族抗战爆发后为国转而研究雷达，1945 年中国第一部雷达问世，束星北被誉为中国"雷达之父"。

不确定原理不允许同时存在一个精确的位置和一个精确的速度，量子物理学认为位置、速度两个属性彼此"互补"，一个存在必然排除另一个存在。也就是说，波动性和粒子性不会在同一次测量中出现，二者在描述微观粒子上是互斥的。玻尔认为"互补原理"是量子物理学的核心思想。由于在物理学方面的卓越成就和对丹麦文化的贡献，玻尔被封为"骑象勋爵"，他亲自设计了家族的族徽（见图 10.6），选择的主要图案就是中国表示阴阳关系的太极图。据说玻尔访华期间，周培源邀请他看了京剧《封神演义》，玻尔看到姜子牙令旗上的太极图大加赞叹，认为互补原理正好可以用太极图进行阐释。太极图状如阴阳两鱼互纠在一起，各自又有对方的小点，表达了对立又互补的阴阳理论。玻尔族徽上方刻着一句拉丁文铭文：对立即互补。玻尔，这位对量子理论研究最深刻的哲学家，用这种方式承认了貌似对立的东西方之间的和谐。而太极图作为东方文化的典型符号，早已给出了明示：万事万物，不仅包括自然规律，也包括历史发展，一切事物的实质都在于互补的对立面的动态互动。

图 10.6 丹麦物理学家尼尔斯·玻尔和玻尔家族族徽

10.4 后牛顿革命

玻尔曾经说过,"一个人要是对量子物理学不曾感到震惊,他就根本没有理解它"。

量子物理学在微观层面所提出的某些思想或观念,如能量是不连续的、量子化的,是其与牛顿经典物理学的根本分歧之处。这一分歧必将引发物理学及其哲学影响在根本上的全新发展。如果我们把这一发展看成是自然科学及哲学领域的一场革命的话,那么就可以称之为后牛顿革命。这一革命性的开端就是1900年普朗克能量子概念的提出,虽然在当时并没有多少人认识到这一点。仅仅5年之后,后牛顿革命随着爱因斯坦相对论理论的建立取得了突破性的进展。在最早开始的量子理论这一方向上,进展虽然缓慢,但其对经典物理学的革命却最为彻底。

量子物理学描述实物和辐射的本性和行为,特别是微观层次上的本性和行为。尽管量子理论的主要原理在1930年前就已出现,尽管这个理论已受过多方面的检验并且应用广泛,但这个理论今天仍在继续发展，这个理论的真正含义仍然不清楚。

量子物理学或许是人类所曾发明的最成功的科学理论。量子物理学成功地给出了很多预言，它的实际影响伸展到每一种依赖于微观世界细节的东西，如晶体管、硅片和集成电路之类的电子元器件；大部分现代化学和一部分生物学；激光器；原子核物理学、核能、核武器等方面。电子早已成为当今技术发展的核心，而我们前面已经认识到，电子不再是"牛顿式"的，它是高度"量子式"的粒子。

量子理论对哲学的冲击更大，量子物理学是对"牛顿式"世界观更根本的否定。牛顿经典物理学所对应的世界观的典型特征就是机械的、决定论的观念与思想。就像十七世纪英国著名物理学家、化学家罗伯特·玻意耳曾经说过的，"宇宙像是一架极好的时钟……一旦上好发条时钟走起来，一切就都按照制造它的工匠的最初设计进行，钟的运转……不需要工匠或他雇佣的任何有智能的代理人的特别干预，而是依靠整部机器原来的总体机械装置履行其功能"。牛顿经典物理学的世界观已经统治了西方文化几个世纪，同整个西方文明精巧地交织在一起，被西方文化吸收深入骨髓，以至于人们接受它而没有意识到它也只是一种特定的世界观。英国哲学家罗素曾经说过："人是事先没有预见其努力目标的原因的产物；他的起源，他的成长，他的希望和恐惧，他的爱和信仰，都只不过是原子的偶然布局的产物……上面所有这些，即使不是完全没有争议，也是相当肯定的，没有哪种否定它们的哲学能够站得住脚。"

量子物理学认为，自然界在微观层次上具有本质的随机性，这种随机性必然导致不可预测，未来不再完全可以由现在预言了。在量子物理学中，不能把辐射、实物粒子同它们的环境分离开来而不在根本上改变它们的特性。在微观领域的变化不再是连续地发生，变化是一个不连续的过程。比如，在玻尔的量子原子理论里，一个原子仅在某几个精确的能量值上振动，一个原子失去能量，必定是在从一个"允许的"能量值到一个更低的允许能量值的突然跃迁中失去的，一个原子必定释放一个瞬时爆发的能量量子。

量子理论革命的彻底还体现在对于一般科学假设的挑战。作为科学自身的基础的一直是这样一个假设：自然界存在着一个独立的实在，无论我们是否观察它，这个实在也不会有什么实质的不同。科学家们普遍认为他们是在研究这个独立的实在。

但是量子理论的意义和观测是紧密相连的。对于电子的双缝实验，当我们去观测（探测）物质波系统的时候，观测引起了屏幕上的一次撞击，空间延展的物质波瞬时地被观测改变了。观测的结果不仅由其所涉及的微观粒子决定，而且由整个实验装置特别是探测器件决定，接通或者断开一个探测器会根本改变一个粒子的物质波。玻尔曾说，微观粒子的属性并不属于这个粒子本身，而是存在于"整个测量环境"之中。量子纠缠就是证明量子理论的典型代表，两个微观粒子发生相互作用后，其彼此的物质波就相互纠缠在一起，虽然此后两个粒子相距很远，但对其中一个粒子的观测都会立即使得遥远的另一个粒子的状态发生瞬时的改变。纠缠中的每一个粒子都成为别的粒子的关联物。2022 年诺贝尔物理学奖授予了法国物理学家阿兰·阿斯佩、美国理论和实验物理学家约翰·弗朗西斯·克劳泽和奥地利物理学家安东·塞林格，以表彰他们"用纠缠光子进行的实验，确定了贝尔不等式的不成立，并开创了量子信息科学"。

　　量子物理学描述的微观世界是如此微妙，仅仅一次观测动作就会使它发生实质性的改变，甚至仅仅是观测的可能性都会使它发生实质性的改变。这就对一个独立而且可知的微观实在的观念提出了挑战！

　　牛顿世界观的典型特征体现在四个方面。一是原子论。物质的基本的实在由原子构成。牛顿把原子说成是"结实、有重量、坚硬、不可入的粒子"，它们"永远不会磨损或碎裂"。气味、颜色等只是一些名字。例如，一朵红色的花，可以归结为花中和观察者体内原子的运动，事物本身并不真正是红的。二是客观性。在没有人类影响的情况下也可以研究自然。由于一切事情都是原子引起的，而原子的行为是由物理定律规定的，因此实在就不依赖于人，科学研究的是这种"客观实在"。三是可预言性。未来完全可以根据现在预言。一旦初始条件明确了，钟表式的宇宙的全部演化过程都是精确规定的。四是分析。科学就是把现象分解为几个最简单的成分，然后对这些成分进行研究。

　　量子物理学对这四个方面都进行了彻底的颠覆。首先是对原子论。量子物理学中，电磁场是物理实在，但并不是由原子构成的。牛顿经典物理学认为由原子构成的物质世界，在量子理论里则是由物质场构成的，实物粒子仅仅是物质场的量子或能量增量。原子远不是"结实、有重量、坚硬、不可入的粒子"，它完全是空的，仅仅由场构成。它们的静止质量是这些场能量的表现。原子远不是"永远不会磨损或碎裂"的，而是可以湮没的，实物可以被毁灭和产生，只有能量永恒不会毁灭。原子不是传统意义上的像某个坚硬的颗粒状的东西。原子的属性依赖于它的环境。其次是客观性。在量子理论中，整个实验环境对确定待研究物体的属性变得至关重要。这并不使物理学变成主观的，因为每个使用同样的设备的观察者仍然看到同样的结果，但是它的确使微观实在与它们的实验环境不可分离。再次是可预言性。同样的原因不再导致同样的后果。单次放射性衰变、一个电子在屏幕上的撞击点，以及生命遗传过程中的基因突变，都是不可预言的量子事件。宇宙并不像一个可以预言的钟。最后是理论分析。在宏观体系里，有可能把一个现象分成几部分而不改变它，但是量子理论认为永远不能把一个微观体系看成是由可以分离的各部分组成的。不能把电子双缝实验分拆成电子一方加上双缝仪器一方，因为电子的发出是部分由仪器确定的。环境改变时，一个电子的本性就会改变。量子物理学上的量子纠缠，由于两个纠缠的粒子的紧密联结，哪怕把它们看成独立的粒子也是不可能的。在微观世界存在一种微观的整体性，在宏观世界这种整体性并不明显。

尽管后牛顿物理学已存在一个多世纪了，但是我们还没有看到一个后牛顿的世界观，一个机械的宇宙依然深深地影响着我们的文化对物理实在的看法。薛定谔在其 1958 年出版的著作《思维与物质》（*Mind and Matter*）中有这样一句话："不知不觉……我们就把认知主体从我们力求理解的自然的领域内排除了。我们变到一个旁观者的角色，不属于这个世界，而通过这一手法这个世界就变成一个客观的世界。（我们的）科学是建立在客观化的基础上的，依靠这个，科学就把自己同……对心灵的适当理解割裂开来。但是我们的确相信，这正是我们现在的思维方式需要修补的地方，也许得从东方的思想输血。"我们对后牛顿物理世界的认识才刚刚开始，首要的、急迫的事情可能是我们需要先建立一个在科学上准确并且充满人文主义的世界观，它能在后牛顿时代给予我们认识论、方法论上的支撑。

思考题和习题

1. 爱因斯坦的光子说和牛顿关于光本性的微粒说的区别是什么？

2. 量子理论认为物质场是量子化的，这是什么意思？

3. 德布罗意首先提出（   ）。

A. 物质波理论 　　　　　　B. 不确定原理

C. 概率波解释 　　　　　　D. 量子原子模型

4. 1900 年，（   ）最早提出了辐射量子理论。

A. 玻尔 　　　　　　　　　B. 爱因斯坦

C. 普朗克 　　　　　　　　D. 能斯特

5. 爱因斯坦对光电效应实验进行解释时，提出了（   ）概念。

A. 光量子 　　　　　　　　B. 能量子

C. 电子自旋 　　　　　　　D. 物质波

6. 下列科学家中，（   ）的工作曾被爱因斯坦评论为"在物理学的这个最难解的谜团上的第一缕微弱的光"。

A. 德布罗意 　　　　　　　B. 玻尔

C. 海森堡 　　　　　　　　D. 薛定谔

7. 下列各不确定事件中，本质上不同于其他几种的是（   ）。

A. 抛掷硬币的不确定性

B. 光双缝实验的不确定性

C. 电子双缝实验的不确定性

D. 原子核放射性衰变的不确定性

8. 1927 年，英国物理学家（　　　）将一束电子流穿过金属箔时发现了一个波的干涉图样。

A. G. P. 汤姆逊　　　　　　B. 约瑟夫·约翰·汤姆逊

C. 威廉·汤姆逊　　　　　　D. 威尔逊

9. 哥本哈根学派认为量子力学在本质上就是不确定的，（　　　）是这个学派的代表人物。

A. 玻尔　　　　　　　　　　B. 爱因斯坦

C. 德布罗意　　　　　　　　D. 薛定谔

参 考 文 献

［1］赵峥．物理学与人类文明十六讲［M］．北京：高等教育出版社，2008．

［2］霍布森．物理学的概念与文化素养［M］．秦克诚，刘培森，周国荣，译．4 版．北京：高等教育出版社，2014．

［3］倪光炯，王炎森．物理与文化：物理思想与人文精神的融合［M］.2 版．北京：高等教育出版社，2009．

［4］裔式锭．文科物理［M］．上海：上海交通大学出版社，2008．

［5］蒲实．爱因斯坦和他所发现的宇宙-相对论世纪系列文章［J］.三联生活周刊，2015（46）．

［6］戴念祖．中国科学技术史物理学卷［M］．北京：科学出版社，2001．

［7］祝之光．物理学［M].4 版．北京：高等教育出版社，2012．

［8］爱丁顿．物理科学的哲学［M］．杨富斌，鲁勤，译．北京：商务印书馆，2014．

［9］爱因斯坦．狭义与广义相对论浅说［M］．张卜天，译．北京：商务印书馆，2013．

［10］卡约里，物理学史［M］．戴念祖，译．桂林：广西师范大学出版社，2002．

［11］马赫．能量守恒原理的历史和根源［M］．李醒民，译．北

京：商务印书馆，2015.

[12] 哥白尼. 天球运行论 [M]. 张卜天，译. 北京：商务印书馆，2014.

[13] 吴大江，呼中陶. 文科物理学教程：物理概念与科学文化素养 [M]. 北京：北京师范大学出版社，2010.

[14] 薛定谔. 自然与希腊人科学与人文主义 [M]. 张卜天，译. 北京：商务印书馆，2015.

[15] 薛定谔. 生命是什么：活细胞的物理观 [M]. 张卜天，译. 北京：商务印书馆，2014.

[16] 罗素. 物的分析 [M]. 贾可春，译. 北京：商务印书馆，2016.

[17] 黄晖. 论衡校释：上、下 [M]. 北京：中华书局，2018.

参 考 答 案

1 导论

1. 答题要点：当行星在本轮上的位置位于均轮内侧的时候离地球更近一些，所以会观察到行星这时更亮了。

2. 答题要点：在哥白尼的理论里，金星绕日运行的轨道更靠近太阳，所以在地球上观察，它常常出现在太阳附近。

3. A 4. A 5. A 6. B 7. A 8. A 9. A 10. A

2 原子论

1. 答题要点：宏观上，一般来说固态有确定的形状，很难压缩，气态没有确定的形状，易被压缩，液态介于两者之间。微观上，固态物质的分子（或原子）排列紧密，气态分子（或原子）间距离较远，液态介于两者之间。

2. 答题要点：车胎充气时增加了车胎内的分子数，碰撞车胎内壁的分子增加了，所以气压（碰撞的宏观表现）也增大了；加热时分子运动变得剧烈了，碰撞产生的冲击就会变大，气压也会增大。

3. A 4. A 5. A 6. A 7. A 8. C 9. A 10. A

3 牛顿物理学

1. 答题要点：亚里士多德认为石头下落是石头趋向地心的自然运动，牛顿物理学则认为是石头受到了地球的引力（重力）的作用。

2. 答题要点：物体具有惯性是指物体具有保持原来匀速直线运动状态或者静止状态的性质。惯性是物体的固有属性，一切物体都具有惯性。

3. 略。

4. A 5. A 6. B 7. A 8. A

4 万有引力

1. 答题要点：引力大小相同。引力只和以引力相互作用两个物体的质量和两个物体的距离相关，质量相同的木头和铁块都放在地面上，所以受到的引力大小是一样的。

2. 答题要点：地球和太阳都不会坍缩成黑洞。地球不会发生热核反应，太阳质量不足以使其热核反应导致其坍缩成黑洞。

3. A 4. A 5. A 6. C 7. A 8. A 9. A 10. A

5 能与熵

1. 答题要点：功是过程量，做功的过程是能量转化（或转移）的过程；能量是状态量，是物体具有的，能量的变化与做功有关。

2. 答题要点：并不违反热力学第二定律，因为树叶是一个开放系统，不断从外界补充物质和能量。

3. 答题要点：熵是物质微观运动时混乱程度的标志。

4. 答题要点：热力学第二定律的表述形式有很多，常见的有开尔文表述和克劳修斯表述。开尔文表述，不可能从单一热源吸收热量，使之完全变成功，而不产生其他影响；克劳修斯表述，热量不能自发地从低温物体转移到高温物体。

5. A 6. A 7. A 8. A 9. C 10. A 11. A 12. A

6 电磁辐射

1. 答题要点：可见光和无线电波都属于电磁辐射。无线电波的频率最低，波长最长，包括调幅（AM）和调频（FM）无线电波、电视波和微波，可以通过让电子在人造的电路中振荡来产生无线电波。可见光的中心波长在 $5×10^{-7}$ 米，通常由在单个原子内运动的电子产生。

2. 答题要点：太阳发射电磁波谱中各个波段的电磁波，但大部分位于可见光、红外和紫外波段，它们都是在太阳的可见表面上产生的。太阳炽热、稀薄的大气中产生出高能 X 射线和一些 γ 辐射，同时伴随着无线电波。太阳内部深处的高能过程产生的强烈辐射在太阳内部就被吸收并转化，几乎没有直接逸出。

3. A　4. A　5. A　6. C　7. A　8. A　9. A　10. A

7　狭义相对论

1. 答题要点：实物有静止质量，辐射没有静止质量；实物运动速度的极限是光速，辐射始终以光速在运动。

2. 答题要点：能量守恒。质量守恒。静止质量不守恒。

3. A　4. A　5. C　6. A　7. A　8. A　9. A　10. A　11. A

8　广义相对论

1. 答题要点：牛顿经典物理学中认为引力存在于任意两个物体之间，是所有物体都具有的特征。广义相对论认为引力是时空弯曲产生的，弯曲的时空改变了物质的运动状态，正如引力改变物质的运动状态。

2. 答题要点：因为地球的质量太小了，产生的时空弯曲程度不足以观察到光线的引力弯曲。

3. A　4. A　5. A　6. A　7. A　8. C　9. A　10. A　11. A

9　原子核与放射性

1. 答题要点：$\left(\dfrac{1}{2}\right)^5 = 0.031\,25$，即 5 年后还没有衰变的份额大

约为 3.125%。

2. 答题要点：自然界中存在的原子序数比铁大的元素一般产生于超新星爆发的过程。

3. 答题要点：铀-238 受到中子轰击时会吸收一个中子变成铀-239，然后迅速发生 β 衰变发射一个 β 粒子，从而变成第 93 号元素镎。镎也具有放射性，它也会发生 β 衰变发射一个 β 粒子，因此它衰变生成另一个非天然元素，即原子序数 94 的钚。

4. 答题要点：如果强相互作用的力程变大一些，就会产生更大的原子核，那么现有的元素周期表上将会出现更多的元素。

5. A   6. A   7. A   8. A   9. A   10. C   11. A   12. A   13. A   14. A   15. A

10   量子论

1. 答题要点：最本质的区别在于，牛顿关于光的微粒说认为的光的微粒是服从牛顿力学规律的实物微粒，爱因斯坦认为的光子是指光辐射的能量量子特征。

2. 答题要点：物质场是量子化就是说，一个物质场只能拥有某些特定大小的能量，这个能量只能是 mc^2，$2mc^2$，$3mc^2\cdots$其中 c 是真空中的光速，m 是物质场对应粒子的质量（如果是电子的物质场，m 就是电子的质量；如果是中子的物质场，则 m 是中子的质量），mc^2 是相对论质能关系给出的粒子的总能量。

3. A   4. C   5. A   6. A   7. A   8. A   9. A

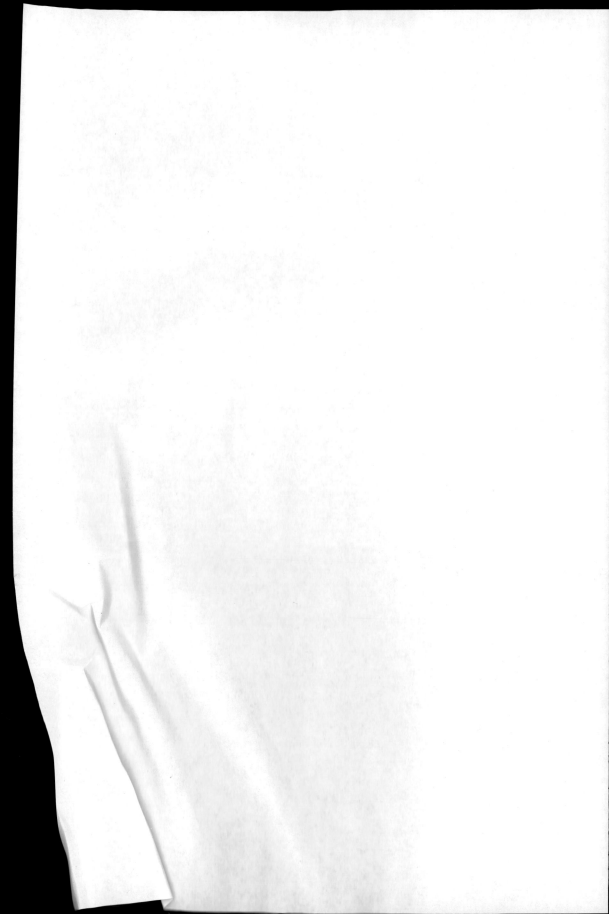